AF329109

L'AGRICULTURE

DANS LE

SAHARA DE CONSTANTINE

ÉTUDE AGRONOMIQUE GÉNÉRALE, AGRICULTURE INDIGÈNE

COLONISATION FRANÇAISE, SON AVENIR, CONDITIONS DE RÉUSSITE

PREMIÈRE ÉTUDE, 1893-1894

PAR

LUCIEN MARCASSIN

INGÉNIEUR AGRONOME

(Extrait des *Annales de l'Institut national agronomique*, 1895)

NANCY

IMPRIMERIE BERGER-LEVRAULT ET Cⁱᵉ

18, RUE DES GLACIS, 18

1895

L'AGRICULTURE

DANS LE

SAHARA DE CONSTANTINE

ÉTUDE AGRONOMIQUE GÉNÉRALE, AGRICULTURE INDIGÈNE

COLONISATION FRANÇAISE, SON AVENIR, CONDITIONS DE RÉUSSITE

PREMIÈRE ÉTUDE, 1893-1894

PAR

LUCIEN MARCASSIN

INGÉNIEUR AGRONOME

(Extrait des *Annales de l'Institut national agronomique*, 1895)

NANCY

IMPRIMERIE BERGER-LEVRAULT ET Cie

18, RUE DES GLACIS, 18

1895

L'AGRICULTURE

DANS LE

SAHARA DE CONSTANTINE

ÉTUDE AGRONOMIQUE GÉNÉRALE. — AGRICULTURE INDIGÈNE
COLONISATION FRANÇAISE, SON AVENIR, CONDITIONS DE RÉUSSITE

Si l'on examine la nature des terrains qui s'étendent dans le sud du département de Constantine entre les monts Aurès et la grande dépression des chotts sahariens, on est très surpris de voir qu'ils ne diffèrent en rien de ceux qui constituent le sol des oasis les plus fertiles ; à part quelques traînées de sable, quelques collines rocheuses dépouillées de terre végétale par le vent du désert, on ne rencontre que d'immenses étendues de limon profond rappelant nos meilleures terres de culture : c'est la plaine d'El Outaïa avec ses 40,000 hectares de terres merveilleuses, abritée dans les derniers contreforts de l'Aurès et traversée par le chemin de fer de Constantine à Biskra ; c'est l'immense plaine du Zab Chergui s'étendant à l'est de Biskra jusqu'au Djérid, plaine dont la fertilité a été de tout temps renommée ; on y trouve El Feydh dont les récoltes de blé étaient telles, d'après les historiens arabes, que les épis dépassaient en hauteur la taille d'un homme à cheval, et les rendements y atteignent actuellement jusqu'à 70 pour 1 dans les années pluvieuses. Cette partie de désert résulte uniquement de l'invasion musulmane : la ruine des cultures et des nombreux établissements de la civilisation romaine a été consommée dans la marche dévastatrice de l'Arabe, et parfois même les indigènes, comme dernier moyen de défense, ont détruit leurs villages et leurs cultures, espérant affamer leur vainqueur ; puis, l'action d'un climat extrême venant se joindre à la mollesse des conquérants et à l'asservissement des vaincus, l'œuvre de désolation a été accomplie et le désert créé dans toute son aridité ; la vie humaine se réfugiant dans les quelques endroits qui avaient échappé à la ruine, la vie végétale put s'y maintenir et l'on eut, au milieu des plaines désolées, ces rafraîchissantes oasis qui sont les vestiges de la prospérité d'autrefois, en même temps que de sérieux garants d'une résurrection de ce pays.

Quand on a vu et examiné sérieusement ces régions, on est facilement convaincu de la possibilité de leur rendre leur ancienne prospérité ; on est encouragé à espérer beaucoup de leur mise en culture, tant par les vestiges que l'on rencontre à chaque pas de l'ancienne civilisation romaine (ruines de cités puissantes, restes de voies romaines, quelques oliviers plus de dix fois centenaires auprès desquels on retrouve les anciens moulins à huile encore en place), tant par les récits merveilleux que font les historiens arabes des richesses végétales que produisaient ces plaines, que par l'étude scientifique approfondie de ces terrains où l'on découvre bientôt une grande analogie avec ceux si riches du Deccan, de la vallée du Nil et du Fayoum, toujours aussi fertiles malgré une culture incessante qui dure depuis des siècles. J'ai pensé qu'il y avait grand intérêt pour nous à connaître la valeur et l'avenir de ces immenses étendues actuellement stériles, et j'ai entrepris de les étudier d'une façon approfondie au point de vue de leur valeur agricole et des profits que l'on peut espérer tirer de leur exploitation ; je viens exposer ici les résultats de mes premières observations et de mes premiers travaux, avant de retourner vers ce Sud si attirant continuer l'étude commencée.

Étude générale du sol.

Constitution géologique. — La partie du sud du département de Constantine comprise dans le Sahara commence au sud des derniers contreforts des monts Aurès : les dernières ramifications de ce massif montagneux vont border le Zab de l'ouest d'où elles envoient un prolongement vers Biskra séparant cette oasis de la fertile plaine d'El Outaïa ; cette plaine se trouve entourée d'une chaîne continue de collines et montagnes crétacées, où le calcaire est recouvert parfois de dépôts suessoniens vers l'ouest, et remplacé par des marnes et poudingues pliocènes vers l'est. On retrouve d'ailleurs la même succession de couches géologiques en avançant de la montagne vers le désert ; le grand soulèvement crétacé que l'on traverse dans les gorges d'El Kantara et qui constitue en quelque sorte l'ossature du massif de l'Aurès, ne borde pas immédiatement les plaines d'alluvions de la région des chotts ; les contreforts méridionaux du massif sont à l'est d'El Kantara orientés sensiblement S.-O. N.-E., entre eux remontent, constituant des gorges étroites et pittoresques, les vallées des rivières tributaires des chotts. Ces vallées sont bordées par des affleurements de marnes et poudingues appartenant aux formations éocènes (marnes et calcaires du suessonien) et miocènes (marnes et poudingues d'El Kantara) ; dans certaines parties d'ailleurs, la distinction n'a pas encore été faite définitivement entre les deux étages, certaines marnes et quelques grès de ces régions qui avaient été décrits comme miocènes par Tissot, semblent aujourd'hui devoir être attribués au terrain suessonien. Je n'insisterai pas ici sur la géologie du versant sud de l'Aurès, son étude est loin d'être complète ou plutôt n'est encore que vaguement esquissée.

Les marnes et calcaires du suessonien abondent en bordure du désert, tant dans l'ouest où ils s'appuient sur le prolongement du massif crétacé qui s'étend dans le sud algérien en formant les plateaux rocheux du M'zab, que dans l'Est où ils s'étendent jusqu'en Tunisie vers le Djerid ; ils sont encore séparés de la plaine d'alluvions du Sahara de Constantine par une longue bande de dépôts pliocènes dirigée sensiblement E. O., envoyant des prolongements dans les vallées et les découpures de l'Aurès ; ceux-ci manquent à l'ouest de Biskra. Ces terrains pliocènes sont constitués par des marnes et des argiles en couches alternantes, elles sont souvent gypsifères et de teintes variables ; elles sont recouvertes, à Biskra par exemple, par des lits puissants de poudingues ; ces couches sont inclinées fortement vers le sud. Certaines de ces marnes renferment des lits parfois nombreux de très gros silex blancs ; les auteurs de la carte géologique de l'Algérie ne signalent les marnes à silex que dans l'étage suessonien, il en est cependant, celles de Chetma et Drauh par exemple, qui semblent être des marnes pliocènes. Ces marnes sont parfois propres à la culture, elles constituent en grande partie la terre végétale des oasis de montagne : El Kantara, Branis, Drauh, etc.

C'est appuyée contre cette bordure de dépôts pliocènes que l'on trouve l'immense plaine d'alluvions du Sahara de Constantine, laquelle s'abaisse insensiblement vers la grande dépression des chotts. Après avoir envoyé un prolongement vers le nord-ouest dans la crique formée par l'Aurès et la montagne de Sfa et constitué la plaine d'El Outaïa (quaternaire ancien), ces alluvions quaternaires forment une immense ceinture de limon autour des chotts : il en résulte une terre végétale de première qualité, surtout quand elle n'est pas, comme à Biskra, par trop compacte.

L'aspect du paysage qui résulte de cette constitution géologique est très caractéristique de ces régions : il porte la marque de leur climat extrême, dans des érosions profondes produites par les orages et par l'action torrentueuse des eaux de la montagne, ou dans des dénudations causées par les vents violents, entraînant au loin les éléments fins des sols et ne laissant que la roche nue, ou bien survenant après les actions combinées de la chaleur et de l'eau déblayant les parties désagrégées ; d'immenses jonchées de pierres de toutes dimensions subsistant seules, donnent l'illusion de ruines. Et ce ne sont, appuyées sur les couches sinueuses des calcaires de l'Aurès, aux crêtes dentelées, que masses bariolées étincelantes sous les feux du soleil qui joue dans les cristaux de gypse, ou d'un rouge qui paraît de sang sous cet éclairement intense ; de temps en temps, témoin de l'érosion, un reste de colline subsiste, étonnant le voyageur par ses formes étranges, semblable à un immense mur crénelé, ou à la tour en ruines de quelque château fantastique ; plus loin, ce sont les poudingues pliocènes qui ont résisté à l'action désagrégeante des éléments et qui, débarrassés par les vents des marnes qui les recouvraient, forment d'immenses tables dominant la plaine ; ces *gour* se retrouvent fréquemment dans le sud et sont un caractère particulier des paysages sahariens : on dirait parfois de gigantesques menhirs dressés par quelques Titans disparus. Puis, bordant la riche plaine limoneuse de la région des chotts, au pied des dernières collines marneuses bizarrement parsemées de traînées blanches des silex qui semblent des ossements, on rencontre un sol dur, caverneux où le gypse affleure, et qu'il faut parfois crever pour atteindre la terre cultivable.

Pour compléter cette description du paysage saharien déduite de la nature géologique, il faut dire comment ces plaines sont sillonnées par les ouad qui descendent de la montagne, se creusant un lit dans le limon entre deux berges taillées à pic, et s'élargissant à chaque crue qui entraîne vers les chotts les portions de berge arrachées par les flots.

De l'autre côté de la ligne d'eaux saumâtres des chotts, on rencontre les premières dunes ; puis les oasis, après Tuggurt et surtout

après Ouargla, se faisant de plus en plus rares, on se trouve jeté
au milieu des véritables solitudes sahariennes, où l'on retrouve
les mêmes *gour*, mais plus grandioses que ceux décrits tout à
l'heure; les mêmes éboulis de marnes; les mêmes ouad, sans eau,
creusés entre des berges à pic, dominés par les plateaux de *Hamada*,
plateaux de roche dure où la marche devient pénible parmi les
pierres à demi désagrégées que le vent n'a pu enlever et auxquels
succèdent d'immenses étendues de terrain caverneux, à sol de
gypse, que viennent couper les grandes dunes.

Telle est tout à fait, dans ses grandes lignes, la constitution géologique du sud constantinois; on voit qu'elle est loin d'être bien
connue. Les travaux de la carte géologique avancent très lentement;
il est vrai que pour ces régions nous ne possédons même pas de
carte topographique à grande échelle, il n'existe que la carte du
dépôt de la guerre au $\frac{1}{800,000}$, cette lacune est bien gênante pour
les études géologiques. Les cartes géologiques doivent cependant
rendre de grands services, en permettant d'abord de faire une distinction très nette entre les sols culturaux, les sols très salés ne
pouvant se prêter qu'à certaines cultures, et enfin les sols impropres
à toute végétation. En outre, la connaissance exacte de la constitution géologique du pays permettra une étude complète du régime
des eaux; elle pourra servir à expliquer l'irrégularité du débit des
rivières sahariennes et à trouver un moyen d'y remédier; elle sera
un auxiliaire précieux, indispensable même, dans tous les travaux
d'art qui seront à exécuter pour les irrigations, quelque faible
que soit leur importance. Enfin cette étude géologique aidera à déterminer exactement les lieux de sources et sera d'un grand secours
dans les recherches d'eau. Je ne parle pas des découvertes de gîtes
de minéraux utiles qu'elle pourra amener, on sait l'existence d'importants gisements de phosphate de chaux dans le massif de l'Aurès,
il s'y rencontre aussi d'importants rochers de sel marin qui fournissent aux indigènes ce précieux condiment depuis l'époque la
plus reculée; en outre on y trouve des minéraux de toute sorte, du
gypse, de très beaux calcaires, dont certains sont presque des
marbres.

Mais, pour rester dans mon sujet, l'intérêt agricole de la connaissance de cette constitution géologique est très considérable;
elle facilitera, grâce à la grande uniformité de ces immenses
étendues, l'établissement rapide, mais précieux pour les colons,
d'une carte agronomique provisoire. Cette carte pourra rendre de
nombreux services, en même temps qu'elle jouera dans les recherches d'eau, le rôle si utile que j'ai montré. D'autre part, une con-

naissance approfondie des roches de la région, la détermination rigoureuse de leur ordre de stratification, les propriétés de ces roches, la nature lacustre, terrestre ou marine des formations, donneront immédiatement d'importants renseignements sur les caractères et les propriétés des terres de culture, sur les conditions de leur formation : on pourra voir ainsi s'il y a lieu d'espérer un enrichissement des sols sous l'influence des agents météoriques, ou si au contraire il faut se protéger contre leur action ; leur nature participera de celle des différentes assises géologiques d'où ces terrains dérivent et l'on pourra au premier abord se passer ainsi d'analyses chimiques.

Constitution physique et chimique. — D'une façon générale les sols du sud constantinois varient de l'argile compacte au sable quartzeux presque pur ; ils sont d'ordinaire profonds et sains ; je négligerai ici les sols marécageux qui n'existent que sur des étendues très faibles et ne méritent pas d'intérêt immédiat. Il arrive parfois, dans le cas de sols particulièrement riches en éléments salins, que la profondeur est réduite par la formation, à peu de distance de la surface, d'une couche de tuf qui vient rendre le terrain imperméable et lui enlève sa fertilité quand elle prend une certaine étendue, la concentration des éléments salins étant rendue très grande par la stagnation de leurs solutions. On trouve un exemple de ce phénomène près de Biskra, dans la plaine d'Hammah Salahine, le sol étant très salé dans le voisinage du ruisseau du Hamman. Cette formation de tufs n'a lieu que dans les terrains très riches en sels et qui sont heureusement assez rares : ainsi l'on peut dire que les sols de culture de la région qui nous occupe sont d'une profondeur notable : leur perméabilité est variable suivant leur compacité ; elle est généralement suffisante, sauf dans les argiles compactes de la région de Biskra. On verra d'ailleurs par ce qui suit que les meilleurs sols de culture sous ces climats sont ceux qui jouissent d'une certaine légèreté et d'une certaine perméabilité.

Nous pouvons partager ces sols en trois classes :

1° Les sols argileux compacts, insuffisamment perméables ;

2° Les sols argilo-sableux plus ou moins légers et perméables ;

3° Les sables purs de la région des dunes.

Les sols argileux tendent à devenir de moins en moins fréquents à mesure que l'on avance vers le sud ; ils sont d'ailleurs généralement rares dans les climats désertiques, leur culture y est très difficile quand on ne dispose pas d'eau en quantités considérables. Si ces sols, en effet, retiennent l'eau plus longtemps que les sols légers, ils le font sans profit pour les plantes, car ils ne leur en abandonnent plus au delà d'un certain degré d'humidité encore très notable; au contraire, dans les terrains sableux, les plantes peuvent prendre au sol jusqu'aux derniers éléments aqueux qu'ils renferment. En outre, dans ces pays où la culture par irrigation est généralement la seule possible, ces terrains ont le grand inconvénient d'être très peu perméables, ce qui nuit à l'aération des racines, et je crois que la qualité inférieure des dattes obtenues à Biskra tient beaucoup à cette excessive compacité du sol. Si la nitrification est trop active dans les sols légers, elle s'arrête complètement ici dès qu'on irrigue, l'air ne circulant plus dans le sol : il peut arriver alors que ce manque d'aération empêche la combustion de la matière organique enfouie et que les fumures organiques restent ainsi inactives pendant de longues années, mais seulement dans le cas où ces terrains ne reçoivent pas de façons culturales ou bien des labours superficiels, cas malheureusement trop fréquents. Il est bien évident que si ces terres compactes reçoivent les mêmes façons que dans nos régions tempérées et que si l'irrigation est appliquée avec méthode, de telle sorte que l'eau ne séjourne pas à la surface, ces terres présenteront ici les mêmes qualités qu'ailleurs. Mais il faut bien prendre garde qu'elles n'arrivent jamais à la dessiccation complète, car alors, si elles sont dénudées, il se produit sous l'action si intense de la chaleur solaire une véritable cuisson de l'argile, laquelle se prend en une roche dure, se délitant très difficilement, même après plusieurs pluies. Sans même atteindre un tel degré de dessiccation, ces terres peuvent, après une irrigation abondante ou une averse violente, se prendre à la surface en une croûte continue très préjudiciable aux cultures : cette croûte, outre l'inconvénient qu'elle présente de concentrer à la surface les éléments salins que le sol peut renfermer, présente encore au point de vue purement physique celui très grave de se fendiller, et de produire ainsi le déchaussement des jeunes plantes et le déchirement des racines.

Enfin, malgré leur grande épaisseur (un sondage fait à Biskra a donné plus de 13 mètres), ces terrains s'opposent par leur compacité à un grand développement des racines, et nous verrons que c'est grâce à un développement souvent très considérable de leur système radiculaire que les plantes peuvent résister aux variations extrêmes des climats désertiques. Ils demanderaient des labours profonds et des façons culturales plus nombreuses que les sols

légers, ce qui est encore un inconvénient dans ce pays où la main-
d'œuvre est rare, où la végétation est rapide et où, par conséquent,
les terres ont besoin d'être préparées rapidement.

Les sols argilo-sableux sont de beaucoup les plus nombreux dans
le sud constantinois : ce sont d'ailleurs les véritables sols des
régions désertiques, sols arides, mais ici aride est loin d'être synonyme de stérile ; sans rappeler les processus de formation des terrains désertiques, remarquons que les actions combinées des eaux,
de la chaleur et du vent doivent naturellement produire des sols
légers plus sableux qu'argileux ; les éléments argileux étant soit
emportés par le vent à des distances considérables, soit entraînés
par les eaux de ruissellement qui les abandonnent dans des en-
droits déterminés, estuaires des rivières désertiques, à Chegya 
par exemple sur le bord du chott Melrir, ou dans la région appelée
Farfaria au nord du même chott. Les éléments sableux, plus grossiers, restent en place avec une quantité variable d'éléments argileux, suivant la proportion de calcaire qu'ils renferment pour les
maintenir coagulés et les soustraire à l'entraînement. On comprendra facilement que, suivant la situation plus ou moins abritée,
la pente, l'état de dénudation plus ou moins considérable de ces
terrains, on y trouve tous les degrés de légèreté, depuis les sols
argilo-sableux normaux, jusqu'aux sables presque purs des régions
de dunes. Il y a un grand intérêt, lorsqu'on a entrepris d'exploiter
de tels terrains, à ne jamais les laisser complètement dépouillés
de végétation, la jachère nue leur serait en effet très préjudiciable, car elle laisserait le vent entraîner les éléments légers de
la surface.

Ces terrains, comme d'ailleurs aussi les terrains argileux, sont
caractérisés dans ces régions par l'absence à peu près totale de
matière humique : on n'y peut distinguer à l'œil nu la présence
d'humus, sauf dans certaines terres de jardins des oasis. Cette
absence de matière noire résulte de l'intensité des combustions
organiques dans ces climats arides, à température élevée : souvent
ces combustions sont tellement énergiques qu'il n'y a pas nitrification, l'azote se répand dans l'air à l'état gazeux et il ne reste
comme résidu de cette combustion que les éléments minéraux,
pas trace d'humus, la combustion étant aussi complète que dans
un foyer. Je n'insisterai pas ici sur ce phénomène que j'ai décrit
dans une note spéciale, mais je devais signaler la pauvreté des
sols en humus, ce qui réduit considérablement leur pouvoir absorbant ; on verra plus loin quelle heureuse compensation il existe
ici, grâce à la présence des éléments salins et au rôle de l'évapora-

tion. D'ailleurs E. W. Hilgard a montré que dans les sols arides, pauvres en humus, de la Californie, le pouvoir absorbant de l'humus s'exerce avec beaucoup plus de force que dans les sols des régions tempérées, riches en matière noire.

Les sols légers, grâce à la grosseur relative de leurs éléments, absorbent l'eau plus facilement que les sols argileux, et en même temps l'abandonnent plus facilement aux plantes. Ils peuvent absorber complètement l'eau des plus petites pluies et celles des rosées qui sont fréquentes dans ces régions pendant la moitié de l'année. Il se fait un échange d'eau constant entre la terre et l'atmosphère : pendant la nuit, la pureté du ciel, le calme de l'air, la nature sableuse du sol provoquent un rayonnement intense, d'où production de rosée que le sol, desséché pendant le jour, absorbe avidement ; les rosées ne sont pas toujours très sensibles par suite de la rapidité de leur absorption par le sol altéré. Après le lever du soleil le cycle est renversé : le soleil devenu de suite bien ardent pompe l'eau du sol, mais l'évaporation du sol est réduite par celle des plantes qu'il porte et qui ont pu utiliser en grande partie l'eau de rosée. L'évaporation devenant plus intense avec la chaleur, il se produit une ascension d'eau des parties profondes du sol vers la surface ; l'eau ascendante se charge sur son passage d'éléments salins qu'elle concentre à la surface en s'évaporant ; elle rencontre les racines des plantes qui y puisent les éléments fertilisants qu'elle renferme. A moins d'irrigations abondantes, le délavage n'est jamais complet et les éléments salins entraînés par les eaux le sont rarement assez profondément pour ne pouvoir être ramenés à la surface sous l'influence de l'évaporation.

J'ai montré ailleurs quelle source de fertilité existe ainsi dans ces terres, et comment en particulier les nitrates, que l'on ne trouve plus à la surface et que l'on croit à jamais perdus, remontent de la sorte à portée des racines qui peuvent les utiliser au fur et à mesure des besoins de la plante. C'est là que réside en grande partie l'explication de la fertilité inépuisable de certains terrains qui, comme ceux du Deccan, produisent depuis de longs siècles de superbes récoltes de céréales, sans restitution d'éléments fertilisants.

Mais, pour profiter de ces richesses latentes, il faut employer des procédés culturaux en rapport avec les phénomènes que l'on veut utiliser ; il faut aussi éviter que, par une exagération de ces phénomènes, la terre ne devienne complètement stérile. Pour cela, il faut combattre la concentration des sels à la surface en empêchant la formation d'une croûte superficielle, en ameublissant le sol le plus profondément possible pour détruire les canaux capillaires par où se fait l'ascension d'eau : plus la couche meuble sera épaisse, plus grande sera la dissémination des éléments salins. Je renvoie à l'étude dont j'ai déjà parlé et aux travaux de M. Hilgard pour le traitement de ces sols dans le cas d'une concentration trop forte de sels et dans celui où l'on a à combattre la formation du carbonate de soude : ici le traitement est facile, le meilleur remède, le plâtre, existant en abondance à côté du mal.

Quant aux procédés de culture à employer pour utiliser l'heureuse influence des phénomènes d'évaporation, ils consistent surtout, en dehors des façons d'ameublissement nécessaires pour combattre l'excès de concentration à la surface, dans l'emploi d'une irrigation raisonnée suivant l'intensité de l'évaporation. Il y a intérêt à employer l'eau, fréquemment s'il y a lieu, mais par doses peu abondantes, afin d'éviter l'entraînement des éléments salins trop profondément en dehors de la zone d'action de l'évaporation ; on alimentera ainsi le sol de façon que le cycle d'ascension et d'entraînement des solutions salines puisse être parcouru sans discontinuité. On pourra donner une irrigation abondante lorsqu'on sera averti du danger d'un excès de concentration, par la production, à la surface, d'efflorescences salines.

L'ameublissement du sol a une autre raison ; il maintient à la fois la fraîcheur et les solutions salines à une certaine distance de la surface, partant les racines se maintiennent à une certaine profondeur et n'ont pas à souffrir de l'échauffement souvent considérable de la surface, la température s'abaissant assez rapidement quand la profondeur augmente.

Ces terres, je l'ai dit, occupent d'ordinaire des épaisseurs très notables et conservent leur perméabilité à une grande profondeur, si bien qu'il n'y a généralement pas lieu de distinguer le sol du sous-sol ; il est vrai que, par suite de la distribution spéciale des solutions salines indiquée plus haut, le sol a une constitution relativement homogène de haut en bas, bien que par suite du mouvement constant des solutions salines alternativement dans un sens et dans l'autre, la répartition des éléments fertilisants soit très variable dans les tranches verticales du sol ; il est même très difficile de la déterminer exactement et de formuler une loi qui en rende un compte exact.

La conservation de la perméabilité des sols arides jusqu'à une grande profondeur permet aux racines de s'y développer librement et d'y occuper un volume suffisant pour assurer l'alimenta-

tion de la plante en principes utiles, quelle que soit leur rareté
dans la terre qu'elles occupent ; la résistance des plantes désertiques aux coups de sirocco, aux longues périodes de sécheresse,
leur végétation ininterrompue dans des sables presque purs, ont
leur explication dans le développement remarquable de leur système radiculaire : la multiplicité et la longueur des racines, —
certaines dépassent 14 mètres, — permettent à la plante de trouver des aliments quelle que soit leur dissémination. Cette question
du développement des racines réclame une étude approfondie qui
permettra de déduire des règles utiles de culture ; en facilitant
la pénétration des racines jusqu'aux couches profondes, on aidera
puissamment l'alimentation de la plante, tant en eau qu'en principes nutritifs, et on augmentera sa résistance à l'évaporation et
à la sécheresse.

Les sols sableux ne commencent guère que près de Tuggurt,
d'où les premières dunes remontent vers le Souf ; on en trouve
cependant quelques traînées plus au nord, à Oumache près de Biskra par exemple, à Sidi Okba. Ces sols, qui résultent des apports
constants faits par le vent, sont constitués en grande partie par
des éléments quartzeux auxquels on trouve mêlés de petits cristaux de gypse, des particules minuscules de roches calcaires et
magnésiennes. Une analyse de sable du Sahara, de M. Moitessier,
donne :

$$SiO^2 \quad \ldots \ldots \ldots \quad 80 \text{ p. } 100$$
$$SO^4 Ca \quad \ldots \ldots \ldots \quad 13 \text{ p. } 100$$
$$CO^3 Ca \quad \ldots \ldots \ldots \quad 7 \text{ p. } 100$$

Pas d'humus évidemment, les éléments phosphatés et potas-
siques n'y sont pas dosables. On voit que ces sols ne présentent
aucune des qualités qui font une terre arable même médiocre, et
cependant ces sables sont loin d'être dépourvus de végétation, si
bien même que dans le sud, si on en excepte les lits de rivière,
c'est dans les dunes que l'on trouve la végétation la plus active.
Certes, ce n'est pas pour prêcher la mise en culture de ces sables
que j'insiste ici sur la valeur culturale des sols formés par les
dunes, mais parce que, en bien des endroits du sud algérien, leur
fixation au moyen de végétaux appropriés s'impose pour la protection des oasis. Ce qu'on a fait en Tunisie pour les oasis de Nefta
et Tozeur est nécessaire aussi au Souf et dans bien d'autres parties
du Sahara algérien ; aussi est-il bon d'indiquer comment les
plantes arrivent à végéter dans les dunes comme en terre arable.

Il faut bien remarquer d'abord que la flore des dunes est une flore spéciale comprenant des espèces remarquablement adaptées au climat désertique : arbustes et arbrisseaux à système foliacé très réduit, parfois presque nul : à feuilles très petites comme certains gommiers, les tamarix ; aciculaires comme les *Callitris*, les *Casuarina* qui semblent bien réussir dans ces régions et mériteraient d'y être propagés ; certaines chénopodées : *Halocnemum*, *Cornulacca* ; arbustes aphylles où les feuilles sont remplacées par des épines, où parfois les jeunes rameaux jouent le rôle de feuilles ; légumineuses comme *Retama*, *Alhagi* ; zygophyllées comme *Nitraria* ; une curieuse gnétacée, l'*Ephedra alata*, qui lutte contre l'intensité de l'échauffement en rampant sur le sol. Contrairement à ce qu'on pourrait supposer au premier abord, le sable renferme une humidité suffisante pour les végétaux qu'il porte ; très avide d'humidité, il en absorbe des quantités qui paraissent inappréciables : gouttelettes de pluie, rosées... le rayonnement y est plus considérable que partout ailleurs, étant données l'intensité de l'échauffement diurne et celle du refroidissement nocturne. Les moindres pluies sont fidèlement marquées dans le sable comme le prouve la succession suivante des couches trouvées par M. Foureau dans une dune près d'Aïn-Taïba :

$0^m,50$ de sable humide, provenant des dernières pluies d'hiver ;
$0^m,60$ de sable sec.

Ensuite, à $1^m,10$, encore du sable humide que les Arabes attribuaient aux pluies tombées pendant l'été ; et cette alternance de couches sèches et de couches humides se retrouve aussi bien dans des dunes à base perméable que dans celles à base imperméable. C'est grâce à la conservation des moindres traces d'humidité dans les sables, que peuvent s'y maintenir les végétations ; les longues racines vont puiser l'eau dans ces réserves, et leur grand développement leur permet de trouver assez de particules fertilisantes pour entretenir leur vie et pourvoir à leur accroissement. D'ailleurs le système foliacé spécial des plantes citées plus haut réduit leur évaporation à son minimum, celle-ci est encore réduite par suite de la présence dans les organes verts d'un certain nombre de ces végétaux, de cristaux microscopiques qui les aident à conserver leur humidité. Une nouvelle invasion de sables vient-elle recouvrir les végétations basses, celles-ci profitent de l'abri qu'elles y trouvent contre l'action solaire pour accélérer leur croissance ; grâce à la fraîcheur relative que leur procure cet écran, leur accroissement qui semblait arrêté, reprend avec vigueur, et bientôt

l'arbrisseau reparaît au-dessus du sable qui n'a pu réussir à l'é-
touffer.

On voit que la fixation des dunes sahariennes est une opération
facile à réaliser ; les espèces que j'ai énumérées plus haut aide-
ront à y arriver et, protégés par l'ombre de ces arbustes ou arbrisseaux, des végétaux gazonnants pourront se propager facilement : zygophyllées à port rampant comme *Fagonia* ; nombreuses
graminées des genres *Arthraterum, Stipa, Aristida, Eragrostis* ;
des ficoïdés à engazonnement très dense comme *Mesembrianthemum,* qui présente le double avantage d'avoir des fruits et des
feuilles comestibles ; des staticées comme *Limoniastrum, Statice,*
etc. On pourra sans peine arriver à arrêter les dunes existantes
dans les parties qui menacent les oasis, et dans celles du Souf, en
permettant, par exemple, d'employer leur activité à augmenter l'é-
tendue de leurs cultures, aux indigènes industrieux qui ont su, à
force d'opiniâtreté, les conserver intactes.

Il me faut encore, à cause de leur présence dans les Ziban, signaler les sols appelés sols de Debdeb qui sont constitués par une
croûte caverneuse de gypse amorphe et semblent *a priori* impropres à toute culture ; cependant dans bien des cas cette croûte a
peu d'épaisseur, on la perce pour y planter des palmiers ou autres
arbres fruitiers qui y végètent bien.

Je ne peux donner aujourd'hui d'indications bien précises sur
la composition chimique des sols du sud constantinois ; le temps
m'a manqué pour en analyser un assez grand nombre. Je ne cite-
rai que deux analyses de terres de la région de Biskra que j'ai pu
faire au laboratoire de M. Risler, grâce à l'obligeance du savant
directeur de l'Institut agronomique, et quelques analyses de la
région de l'Oued Rirh dues à M. Paturel et que j'emprunte à
une étude de M. Dybowski sur le palmier-dattier. J'écarterai dès
maintenant la dernière analyse citée par M. Dybowski : l'origine
de l'échantillon qui provient d'un jardin de Biskra, arrosé avec de
l'eau d'égout, explique très bien sa richesse remarquable en
principes fertilisants : azote, 1,28 ; acide phosphorique, 1,72 ;
potasse, 2,40 pour 1,000 de terre. Malheureusement de tels
chiffres ne cadrent nullement avec les autres, et je ne crois pas
qu'il soit permis d'en tirer des conclusions applicables aux terres
de la même oasis, où, on le verra, j'ai trouvé une richesse en acide
phosphorique inférieure de plus de moitié et une teneur en azote
inférieure des deux tiers à celle-ci.

Voici le résultat des analyses :

ORIGINE DES TERRES.	AZOTE par kilogr.	ACIDE phospho- rique par kilogr.	POTASSE par kilogr.	AUTEURS des analyses.
	grammes.	grammes.	grammes.	
1. Chriat Tigounine Ourlana . .	0.27	0.12	0.78	M. Paturel.
2. Talamouidi	0.15	0.08	0.93	»
3. Chriat Sahia	0.12	0.08	0,82	»
4. B'da Ali-Bey	0.22	0.16	1.45	»
5. Ch. Tigounine (dune)	0.09	traces.	0.66	»
6. El Amri Ziban	0.48	0.97	1.83	»
7. Jardin de Biskra	1.28	1.72	2.40	»
8. Beni Mora-Biskra	0.425	0.788	»	L'auteur.
9. La Makrawa-El Outaïa. . . .	0.050	1.160	»	»

Malgré leur petit nombre, ces analyses permettent de se faire une bonne idée de la constitution chimique des sols du sud de Constantine, exception faite de la 7ᵉ qu'on ne peut vraiment pas interpréter. Leur concordance est assez grande pour permettre d'en tirer quelques conséquences : la pauvreté extrême en azote de toutes ces terres, la pauvreté en acide phosphorique des terres de l'oued Rirh, celles de la région de Biskra semblant en renfermer en quantités suffisantes ; la potasse semble aussi en quantités suffisantes pour les besoins culturaux. On peut même, après ce qui a été dit sur la grande diffusion du système radiculaire des plantes dans ces régions, considérer ces sols comme riches en acide phosphorique et en potasse, les plantes y disposant pour leur alimentation d'un volume de terre de beaucoup supérieur à celui dont elles disposent chez nous. Cette considération montrera peut-être la nécessité de modifier, pour ces terrains, la prise d'échantillon et l'interprétation des résultats actuellement usitées en France pour l'analyse des terres. Les stocks existants d'acide phosphorique et de potasse doivent donc suffire pendant longtemps sans que les récoltes aient besoin de l'apport de ces éléments. D'ailleurs, le jour où, de purement extensive, l'agriculture de ces régions sera devenue intensive et devra, pour obtenir des rendements élevés, recevoir un accroissement de fertilité au moyen d'engrais commerciaux, il sera facile de le faire ici, le phosphate de chaux abondant en Algérie et en particulier dans le massif montagneux de l'Aurès.

J'ai consacré une étude spéciale à la pauvreté en azote que

l'analyse révèle dans ces terres [1], je n'y reviendrai pas ici, on verra dans cette étude comment cette pauvreté est heureusement compensée par le mouvement des solutions salines que l'évaporation provoque au sein du sol, et surtout par la grande richesse en azote nitrique des eaux d'irrigation ; ce qui résout en grande partie pour le pays la délicate question des engrais.

Les sols de la région de Biskra sont riches en calcaire, ce qui s'explique facilement, étant donnée leur situation au pied de montagnes calcaires ; le voisinage des marnes gypseuses que j'ai indiquées augmente encore leur teneur en chaux, grâce au plâtre qui en provient.

On a vu plus haut que beaucoup de ces terrains renferment des éléments salins en assez grande quantité ; leur présence se traduit, lors de sécheresses prolongées, par la production d'efflorescences à la surface : ces efflorescences renferment du sulfate de chaux, des chlorures alcalins, du sulfate de magnésie, des nitrates... ; d'ailleurs les eaux du Sud sont également très riches en éléments minéraux. Tous ces sels résultent tant de la présence de marnes gypseuses et de gisements de sel marin, que d'une concentration excessive produite par l'évaporation toujours si considérable ici, et par l'insuffisance si marquée des précipitations atmosphériques. Le rôle de ces sels a été exposé plus haut; on a vu qu'ils ne constituent pas *a priori* un obstacle à la mise en culture des terres qui en renferment, mais qu'au contraire ils peuvent, si on exploite avec méthode, rendre de grands services.

Étude du climat.

Le climat du Sahara est un climat extrême, caractérisé par des écarts énormes de température, les maxima étant très élevés et les minima relativement bas ; par la rareté des précipitations atmosphériques qui sont absolument nulles pendant les mois d'été; par deux directions principales de vents dominants, N.-O. pendant l'hiver, S.-E. pendant l'été ; par la sérénité du ciel, la pureté et le calme des nuits ; enfin par la grande sécheresse de l'atmosphère. Il faut ajouter la fréquence des coups de sirocco, vent chaud du

---

1. Sur la pauvreté en azote des terres du sud algérien et leur fertilité remarquable.

désert qui souffle pendant plusieurs jours, causant souvent des dégâts considérables aux cultures que brûle son haleine desséchante.

Grâce aux observations à Biskra de la station météorologique de la Compagnie de l'Oued Rirh, il m'est permis de donner quelques chiffres qui viendront à l'appui des caractères généraux qui précèdent.

Températures. — Le grand intérêt étant surtout de connaître les variations extrêmes de température, je ne m'appesantirai pas sur les moyennes et me contenterai d'indiquer pour deux périodes d'années la moyenne des moyennes mensuelles. Les chiffres relatifs à la période de 1860 à 1865 sont empruntés au docteur Sériziat, qui a pris comme température moyenne du jour la température de 9 heures du matin ; M. Colombo, à la station météorologique de la Compagnie de l'Oued Rirh, à qui j'emprunte les chiffres de 1884 à 1893, a pris comme moyennes mensuelles la demi-somme des moyennes minimum et maximum de chaque mois ; les températures obtenues sont les suivantes :

PÉRIODES.	JANVIER.	FÉVRIER.	MARS.	AVRIL.	MAI.	JUIN.	JUILLET.	AOUT.	SEPTEMBRE.	OCTOBRE.	NOVEMBRE.	DÉCEMBRE.
1860-1865	8°13	11°85	15°8	18°9	24°3	33°3	34°1	32°9	28°8	22°9	14°5	10°5
1884-1893	10 5	12 6	16 1	19 4	24 1	28 8	32 7	32 1	28 5	21 7	16	11 6

Les différences entre les chiffres des deux périodes s'expliquent facilement par les façons différentes par lesquelles elles ont été déterminées.

Ces chiffres n'ont pas besoin de commentaires, ils présentent un intérêt très médiocre, tant au point de vue de la végétation que pour donner une idée exacte de ce climat : ces moyennes causent des maxima très élevés et des minima relativement bas. Disons tout de suite que les minima de température se maintiennent très peu ici ; les courbes s'éloignent rapidement de la tangente au point le plus bas, tandis qu'elles se maintiennent longtemps dans le voisinage de la tangente au point le plus haut.

Le tableau suivant donne les écarts mensuels de température observés à Biskra par M. Colombo pendant la période 1884-1893.

Écarts mensuels de température observés à Biskra de 1884 à 1893.

ANNÉES.	JANVIER.			FÉVRIER.			MARS.			AVRIL.			MAI.			JUIN.			JUILLET.			AOUT.			SEPTEMBRE.			OCTOBRE.			NOVEMBRE.			DÉCEMBRE.		
	Plus bas minima.	Plus hauts maxima.	Écarts.	Plus bas minima.	Plus hauts maxima.	Écarts.	Plus bas minima.	Plus hauts maxima.	Écarts.	Plus bas minima.	Plus hauts maxima.	Écarts.	Plus bas minima.	Plus hauts maxima.	Écarts.	Plus bas minima.	Plus hauts maxima.	Écarts.	Plus bas minima.	Plus hauts maxima.	Écarts.	Plus bas minima.	Plus hauts maxima.	Écarts.	Plus bas minima.	Plus hauts maxima.	Écarts.	Plus bas minima.	Plus hauts maxima.	Écarts.	Plus bas minima.	Plus hauts maxima.	Écarts.	Plus bas minima.	Plus hauts maxima.	Écarts.
1884	2°6	21°4	18°8	6°	24°	18°	8°	23°	15°	9°	32°	23°	11°	33°2	22°2	16°4	35°8	19°4	14°	47°	33°	21°	43°8	22°8	19°8	40°8	21°	11°	32°6	21°6	4°8	25°2	20°4	2°	21°	19°
1885	2°4	17	14°6	5	27°4	22°4	5°8	27°2	21°4	9°6	29	18°4	9°8	35°4	25°6	18	41°6	23°6	22	45°6	23°6	19°4	45°8	26°4	16°4	40°8	24°4	9	30°6	21°6	7	22°8	15°8	3°4	23°6	20°2
1886	0	17°4	17°4	3	21°4	18°4	6°8	26°6	19°8	9°6	29°8	20°2	12	39°6	27°6	17	42	25	20°6	45°2	24°6	19°4	44	24°6	15°6	41°8	26°2	12°4	32°8	20°4	6°2	29°2	23	3	24	21
1887	1°6	18°8	17°2	2°	20°6	18°6	6	30°4	24°4	7	30°8	23°8	14	38°4	24°4	18°4	44°4	26	23°2	44°4	21°2	21°8	43°6	21°8	18	43°2	25°2	8	34°2	26°2	5°2	24°6	19°4	1°4	20°6	19°2
1888	1°4	20°6	19°2	1	22	21	4	28°8	24°8	10°4	36°2	25°8	12°6	35	22°4	17	41°6	24°6	22	46°6	24°6	19°6	44°4	24°8	18	39°6	21°6	10	36°1	26°1	4°8	26	21°2	4°8	21	16°2
1889	1°4	18°2	16°8	2°2	25	22°8	2°6	26	23°4	6	33	27	9	37°5	28°5	16°5	47	20°5	16°2	47°5	31°5	21	46°9	25°9	14	40	26	12	34	22	4	25	21	0°4	19	18°6
1890	3	24	21	3	24	21	3	29	26	9	32	23	10	35	25	15°4	43°2	27°8	22	44	22	21	47	26	16	37	21	8	31	23	4°4	23°8	19°4	0°5	19°4	18°9
1891	2°6	20	22°6	3	23°4	20°4	6°8	29	22°2	8	34	26	12°8	36	23°2	16	42	22	20°8	44°2	23°4	20	44	24	14°6	42	27°4	13°2	36	22°8	8	26	18	3	21	18
1892	3°2	22	18°8	5	23°2	18°2	8	30	22	8	29	21	10	36°2	26°2	18°6	43°4	24°8	21	45	24	21	45	24	18	40	22	15	37	22	8	28	20	6	21	15
1893	3°8	19	15°2	2°8	25°4	22°6	8	28	20	9	35°4	26°4	15	37°4	22°4	17°6	43	25°4	21	45°4	24°4	22	43	21	21	42	21	12	35	23	3	29	26	3	18	15
Moyennes.	»	»	18°2	»	»	20°3	»	»	21°0	»	»	23°5	»	»	23°7	»	»	23°9	»	»	25°2	»	»	24°1	»	»	23°6	»	»	22°9	»	»	20°4	»	»	18°1

On le voit, la température à Biskra ne descend guère au-dessous de 0, — une fois en dix ans, — cependant il ne faut pas en conclure qu'il ne gèle pas dans le Sahara, la situation de Biskra est particulièrement abritée, et plus dans le sud, en plein désert, il gèle fréquemment ; à Tuggurth, par exemple, où les sables augmentent considérablement le rayonnement nocturne, et même plus au sud encore, souvent en raison de l'élévation de l'altitude combinée la plupart du temps avec un rayonnement intense. Voici quelques-unes des températures les plus basses qui ont été observées :

Ghardaïa (Alger)	— 1°
Biskra (Constantine)	— 2°6
Oued Rirh (d°)	— 3°
Ghadamès	— 4°

Rohlfs a observé — 5° dans le désert libyque et l'explorateur Foureau a eu à supporter en décembre dernier — 6° dans les gorges de l'Ouad Mïa.

Disons de suite que la végétation de ces régions ne souffre pas de ces températures particulièrement basses, la végétation arbustive pourrait seule en souffrir et les palmiers, qui sont surtout intéressants ici, résistent très bien à des froids de 7° au-dessous de 0 : il en existe à Hamman par 1,500 mètres d'altitude, sur le Djebel Amarkhaddou qui a souvent son sommet (1,750^m) couvert de neige pendant une partie de l'hiver. Quant aux orangers et aux citronniers, ils ne souffrent pas des gelées qui peuvent se produire, étant donnée leur situation sous le couvert des palmiers où les variations de température sont particulièrement atténuées.

Les chiffres du tableau précédent montrent que les maxima sont aussi élevés ici que dans les pays les plus chauds, le thermomètre atteint à l'ombre et dans un jardin de palmiers relativement humide, 47°5 C. ; il est certain que, sous un abri, dans la plaine nue, il dépasse 48°, et si les minima ne durent généralement que quelques instants, les maxima se maintiennent pendant des heures. C'est ce qui rend l'été particulièrement pénible à supporter ici, la température se maintenant tout le jour au-dessus de 40°, et restant la nuit aux environs de 35°, sauf au lever du soleil où elle atteint son minimum qui varie de 19°5 à 25°.

Ce qu'il y a de plus caractéristique dans les chiffres de ce tableau, ce sont les écarts énormes qui existent entre les températures extrêmes, écarts qui varient de 14°6 (en janvier) à 33° (juillet). Il y a là une explication de la difficulté d'acclimatation des plantes tropicales dans ces pays ; celles-ci, d'après Grisebach, sont d'autant plus sensibles aux changements extrêmes de température, qu'elles exigent plus de chaleur. Ces variations considérables caractérisent les climats désertiques, les différents chiffres que nous avons pu trouver concordent dans ce sens. Voici comparativement les chiffres observés à Biskra, et la moyenne déterminée par M. Angot avec ceux observés à Biskra, Laghouat et Géryville.

	JANVIER.	FÉVRIER.	MARS.	AVRIL.	MAI.	JUIN.	JUILLET.	AOUT.	SEPTEMBRE.	OCTOBRE.	NOVEMBRE.	DÉCEMBRE.
Biskra.	18°2	20°3	21°9	23°5	23°8	24°	25°2	24°1	23°6	22°9	20°4	18°1
Biskra-Laghouat. . . . . . . Géryville (moyenne)	13	13 9	14 5	15 1	15 3	16 2	17	17 4	15 6	14 2	13 5	12 5

Les écarts entre ces chiffres proviennent de ce que Géryville est compris dans la moyenne faite par M. Angot ; ils tiennent aussi à ce que les chiffres de Biskra ne sont pas exactement des variations diurnes, mais les écarts entre les plus bas minima du mois et les plus hauts maxima. Dans le désert libyque, M. Hann a trouvé les chiffres suivants qui sont comparables à ceux-ci (Rohlfs-Koufra) :

	MAXIMUM moyen.	MINIMUM moyen.	AMPLITUDE.
Aoudjila 1-27 mai 1879	34°1	14°4	19°7
Kebobo (Koufra) 15-31 août.	41 7	18 7	23
— 1-14 septembre	39 4	17 9	21 5

Ajoutons que Nachtigal a trouvé au mois de mai, au Bornou, une amplitude de 25°.

Quant aux amplitudes moyennes annuelles, elles sont les suivantes :

  Littoral algérien . . . . 13°6
  Sahara du nord. . . . . 23°7
  Ghardaïa. . . . . 25°5
  Désert libyque (Koufra) . . . . 16°

Ce dernier chiffre, qui est dû à Rohlfs, semble indiquer que la variation annuelle est plus faible dans le désert libyque que dans le désert algérien. En résumé, si l'année dans son ensemble paraît plus fraîche dans le Sahara algérien qu'au bord de la mer Rouge, elle présente des maxima beaucoup plus élevés, partant des écarts de température plus considérables.

C'est surtout l'extrême sécheresse de l'air qu'il faut invoquer pour expliquer cette exagération de la variation diurne ; plus l'air est libre de vapeur d'eau, plus grande est l'insolation, par suite plus grande est la quantité de chaleur solaire reçue par le sol ; en même temps, grâce à cette pureté de l'atmosphère, le rayonnement est considérablement augmenté la nuit, ce qui contribue à abaisser le minimum de température.

Mais on peut ne pas se contenter de ces données recueillies dans le voisinage du sol et sous le couvert relativement humide des oasis ; les températures observées à la station de Biskra, par exemple, doivent être quelque peu corrigées si on veut en tirer des déductions utiles pour les cultures de céréales ou de fourrages en dehors des oasis ; il faudra augmenter les maxima et réduire les minima ; des observations directes loin de l'abri formé par les arbres seront très utiles pour les cultures. D'un autre côté, il serait bon, pour avoir une idée exacte de la marche de la chaleur dans l'atmosphère de ces régions, de faire des observations à une hauteur suffisante pour être en dehors de l'influence du sol, dont l'échauffement et le refroidissement propres ont une action trop considérable sur l'état thermique des courants atmosphériques.

Enfin, il y aurait grand intérêt à connaître la marche de la température dans l'intérieur du sol ; les documents sont peu nombreux sur cette question. Il paraît cependant certain que la température décroît rapidement quand on s'éloigne de la surface, et d'autant plus rapidement que les éléments du sol sont plus gros, la conductibilité est en effet bien moindre dans le sable que dans l'argile ou dans une roche compacte.

Ainsi, M. Cosson a observé, par une température de plus de 50° à la surface d'un sol de dunes, seulement 25° à 1 décimètre de profondeur et seulement 19° au fond d'un puits de 2 mètres ; dans les documents relatifs à la mission Flatters, l'ingénieur Béringer donne les chiffres suivants :

	TEMPÉRATURE DU SABLE		ÉCART
	à la surface.	à 0^m,15 de profondeur.	en moins.
Le 25 février à midi	35°	19°	16°
Le 18 mai à 2 heures.	39 8	20	19 8

On voit qu'il y a près de 20° en moins à une profondeur de 15 centimètres; de cette conductibilité très faible il résulte que le sable constitue un grand obstacle à l'évaporation et cela fournit une explication de la facilité signalée plus haut avec laquelle le sable absorbe et retient les plus petites traces d'humidité atmosphérique. J'estime qu'il sera d'une grande importance de faire des déterminations analogues pour toutes les terres de culture de la région, et, en même temps, de rechercher la cause de l'heureuse influence qu'exerce sur les cultures l'élévation de température des eaux d'irrigation. Il faudra d'ailleurs tenir compte du rôle des eaux souterraines qui, très peu conductibles également, servent à empêcher les oscillations de température de la surface de se transmettre dans les couches profondes.

Pressions. — La pression dans la région de Biskra varie très peu et reste généralement peu élevée. Pendant les mois d'été, la pression y atteint rarement 760^{mm} (rapportée à 0° et au niveau de la mer) et descend souvent entre 735^{mm} et 740^{mm}; pendant les mois d'hiver, les minima remontent légèrement et se maintiennent presque constamment supérieurs à 740^{mm}, les maxima se relèvent également: ils oscillent de 759^{mm} à 765^{mm} qu'ils dépassent rarement. Pendant la période décennale, la pression la plus basse notée à Biskra a été de 736^{mm} et la plus élevée 771^{mm}, avec des moyennes de 744^{mm} pour les minima et de $765^{mm},6$ pour les maxima.

Vents. — A ces dépressions presque constantes correspondent des vents fréquents : bourrasques du N.-O. en hiver, coups de sirocco (S. et S.-E) en été. Les jours de calme absolu sont en effet assez rares ici, leur nombre par mois semble varier de 3 à 9 ; les nuits sont en revanche généralement très calmes.

Il y a ici deux directions dominantes de vents : le vent du nord-ouest qui souffle pendant presque toute l'année, et le vent contraire, vent du sud-est, qui souffle presque toujours lorsque le premier ne règne pas ; ce second vent est un peu plus fréquent en été, le premier soufflant presque seul en hiver. Les autres vents sont très rares et ne soufflent guère que dans les perturbations entre la cessation du premier et l'établissement du second, ou inversement. Ces vents sont généralement assez violents, mais leur violence est peu préjudiciable aux cultures, grâce à l'abri des palmiers, lesquels leur résistent remarquablement ; le vent de nord-ouest est souvent un peu frais, mais rarement très froid, bien qu'il ait passé sur les cimes de l'Aurès qui sont fréquemment couvertes de neige.

Quant au vent du sud-est, il est chaud et amène généralement
la pluie quand il souffle l'hiver; l'été, c'est généralement le sirocco,
le vent si redoutable du désert, qui dure au moins 3 jours, parfois
davantage. Souvent, avant qu'il se soit établi, c'est le calme le plus
complet : l'air est brûlant, aucun souffle ne l'agite; l'atmosphère
semble lourde à supporter; le ciel perd sa transparence, son éclat
fatigue les yeux, ce sont les fines poussières du sud qui arrivent
dans les hautes régions; la sécheresse devient excessive; les gens
sont nerveux et irritables ; les animaux paraissent inquiets ; les
plantes se flétrissent. Après plusieurs jours souvent de ce calme
pesant, le vent se met à souffler avec une violence inouïe ; ba-
layant tout, il soulève d'immenses trombes d'un sable qui pénètre
partout, aveuglant les gens, ensevelissant les plantes et recouvrant
les pistes dans le désert; puis, le calme revient pendant que la
trombe de sable continue son chemin à travers les hauts plateaux,
le Tell, et atteint la mer, — qu'elle franchit parfois.

Bien des fois, pour tout le monde, il n'y a là qu'un mauvais
moment à passer; mais il arrive aussi que le sirocco dure plus
longtemps, quelquefois 8 et 10 jours, rappelant le *khamsin* d'Égypte.
Alors se produisent de graves désastres dans les caravanes, dans
les troupeaux qui sont surpris dans le désert; dans les oasis insuffisamment protégées contre le sable. On constate aussi bien
des dégâts parmi les cultures qui sont surprises à un état critique
de leur végétation, soit après la levée, soit surtout avant la maturation; ou bien parmi les plantes insuffisamment acclimatées,
dont les organes sont mal protégés contre l'évaporation intense
qui y a lieu pendant le sirocco ; parfois ce sont des récoltes de
céréales qui sont littéralement brûlées, ou bien des plantes que
l'on espérait en bonne voie d'acclimatation qui succombent subitement. J'ai vu des eucalyptus végétant à Biskra depuis une
dizaine d'années et ayant déjà atteint un développement considérable, tués ainsi par un coup de sirocco.

On l'a vu plus haut, les journées de calme absolu sont bien rares;
aussi peut-on, dans ces régions où la question des moteurs est
d'une si haute importance, espérer que l'emploi des moulins à
vent, si répandus et si utiles en Amérique, sera très pratique et
permettra de résoudre une partie de ce problème si intéressant
pour l'avenir du sud algérien, comme on le verra plus loin.

Pureté du ciel. — Éclairement. — En franchissant les superbes
gorges d'El Kantara, le voyageur qui descend vers le désert voit
souvent avec surprise s'étendre devant lui un ciel sans nuages,

d'un bleu intense, tandis que la montagne sombre est obscurcie par de grosses masses noires d'où s'échappent parfois des torrents de pluie. Eugène Fromentin, un peintre doublé d'un poète, a fait de ce merveilleux spectacle une description saisissante, qui donne une idée bien exacte de la façon dont les hautes crêtes de l'Aurès arrêtent les nuages qui franchissent rarement cette frontière du désert, si bien qu'il ne pleut presque jamais à Biskra par vent du nord. Aussi le ciel y est-il d'une pureté remarquable, il ne garde cependant pas son bleu intense pendant les mois d'été ; par les fortes chaleurs, il semble en effet se recouvrir d'un léger voile cendré, le papier ozonométrique accuse d'ailleurs à cette époque une diminution très sensible dans le taux d'ozone de l'atmosphère.

Cette absence de nuages n'est pas rare en été même dans le midi de la France, mais en peu d'endroits le ciel atteint la même pureté qu'ici ; ailleurs, en effet, même dans les ciels qui paraissent les plus sereins, il existe des couches plus ou moins épaisses de vapeur d'eau qui, si elles laissent passer les rayons lumineux et sont imperceptibles à l'œil, arrêtent une quantité notable de rayons calorifiques. Ces sortes d'écrans joueraient un rôle des plus utiles au Sahara pendant les mois d'été, malheureusement ils sont rares, et leur épaisseur est généralement très faible : il n'est pas possible de compter sur eux pour modérer l'insolation. Leur rareté se constate facilement quand on examine les chiffres donnant l'état actinique de l'air aux différentes heures du jour. On verra plus loin comment on peut protéger les jeunes plants par des écrans factices contre cet excès d'insolation ; mais il n'y a rien à faire pour les plantes de grande culture. Quant à l'intensité de l'éclairement, elle est moins redoutable et ne peut qu'accélérer le fonctionnement des organes végétatifs et la formation de chlorophylle ; peut-être influe-t-elle sur la coloration particulièrement foncée des feuilles des arbres de ces régions (palmier, caroubier, olivier...).

Hygrométrie. — On comprendra facilement qu'étant données les conditions thermiques exposées précédemment, l'humidité de l'air soit très faible dans les régions du sud constantinois ; d'autant que les vents dominants sont d'une sécheresse considérable : ceux du sud-est ont dépouillé toute leur humidité dans la traversée du Sahara, ceux du nord-ouest l'ont abandonnée sur les hautes cimes des monts Aurès ; j'ai dit de quelle façon remarquable les nuages sont retenus par ces montagnes. D'ailleurs, la chaleur de l'atmosphère est telle qu'une masse d'eau quelconque qui a réussi à se condenser, se vaporise aussitôt. Nous n'appuierons pas ces réflexions de nouveaux chiffres ; disons simplement que l'humidité relative à Biskra touche, en été, au-dessous de la moitié de ce qu'elle est en décembre et janvier, où elle atteint son degré maximum qui est d'ailleurs très peu élevé. Cette marche de l'humidité atmosphérique est presque inverse de celle qu'elle suit dans les régions tempérées : sous le climat de Paris, en effet, la tension de la vapeur d'eau dans l'air augmente de l'hiver à l'été plus rapidement que sa tension maximum, ce qui n'a pas lieu du tout ici, où de l'hiver à l'été la tension de la vapeur d'eau double à peine de valeur, tandis que la tension maximum devient près de 4 fois plus élevée ; il n'est pas possible dans ces conditions que l'humidité relative de l'atmosphère ne diminue que quand la température augmente. Il s'ensuit que la différence $F - f$ entre ces deux tensions ne cesse d'augmenter, ce qui explique l'accroissement de l'intensité de l'évaporation qui devient si préjudiciable aux cultures à cette époque ; elle est en effet proportionnelle à $P - f$, et, pour comble de malheur, elle n'est nullement atténuée par une augmentation de pression, qui entrerait en dénominateur dans la valeur de la quantité d'eau évaporée, la pression tendant plutôt à rester basse en été. L'agitation continuelle et souvent violente de l'air empêche cette évaporation considérable de rétablir l'équilibre entre F et f et d'augmenter le taux d'humidité atmosphérique. Aussi doit-on, pendant les mois d'été, arroser très fréquemment les cultures et en particulier les palmiers, ce qui, étant données les ressources actuelles en eau, ne permet guère de faire des cultures d'été.

Nous ne pouvons que constater cette faiblesse de l'état hygrométrique et prévenir les agriculteurs du grand intérêt qu'il y a pour eux à se baser sur sa connaissance pour déterminer l'étendue de leurs emblavures d'été, de façon à ne pas avoir à souffrir de la sécheresse.

A un autre point de vue, cette absence d'humidité atmosphérique n'est pas sans avoir une heureuse influence sur la bonne végétation des plantes : elle est en effet très défavorable au développement des maladies cryptogamiques, qui semblent très rares ici, ce qui fait que les cultures ont très peu à souffrir des parasites végétaux.

Rosée. — L'hiver, la production de rosée est assez fréquente dans le sud constantinois, les observations ne sont pas nombreuses pour le Sahara en général, et la production de rosée ne semble pas s'y faire d'une façon régulière : ainsi dans la partie orientale extrême

du Sahara égyptien, entre le Nil et la mer Rouge, M. Schwein-
furth n'a observé que de très rares rosées, toujours peu abondantes
et seulement près de la côte ; il est vrai que dans cette région, le
ciel est très fréquemment couvert. Dans le Sahara algérien, au
contraire, les nuits sont d'une sérénité exceptionnelle, très claires,
d'un calme profond, toutes conditions qui favorisent singulièrement
le rayonnement. En outre, on a vu que les sols à éléments grossiers
et les sables purs y sont très fréquents ; ces sols se refroidissent
aussi facilement la nuit qu'ils se sont échauffés le jour : la température du sol décroissant ainsi, il arrive souvent que, pendant
les nuits d'hiver et de printemps, elle devienne telle que la tension correspondante de la vapeur d'eau finisse par égaler sa tension propre, et par conséquent qu'il y ait condensation. Il serait à
souhaiter que cette production de rosée soit fréquente ; malheureusement, pendant l'été, le sol est trop constamment et trop fortement échauffé pour que, pendant la nuit, sa température puisse
descendre assez pour annuler la différence $F - f$, que M. Duclaux
nomme très justement *facteur d'évaporation* ; la condensation ne
peut se produire, et l'évaporation ne fait que se ralentir un peu,
sans pouvoir s'arrêter jamais complètement.

Dans la région de Biskra, cette température de condensation ne
s'abaisse jamais assez pour produire de la gelée blanche, mais dès
que l'action protectrice de la montagne cesse de se faire sentir, dès
que les sols sableux dominent, le rayonnement augmente soudain,
et les nuits ne sont pas rares où la rosée est remplacée par une véritable gelée blanche.

Pluies. — Au point de vue des précipitations atmosphériques, la
région du sud de Constantine, comme tout le Sahara, est caractérisée par l'absence totale de pluies d'été. A vrai dire, il tombe bien
parfois quelques gouttes d'eau pendant les mois d'été, mais il se
passe souvent plusieurs années sans qu'on y rencontre un jour de
pluie. Les pluies sont rares et violentes ; ces trois dernières
années, il est tombé en une seule fois à Biskra plus de la moitié
de l'eau recueillie dans l'année ; aussi, serait-il bon de noter, en
même temps que le nombre de jours de pluie et la hauteur d'eau
tombée, la durée des averses, afin d'en connaître la violence.
Cette donnée aurait un grand intérêt pour la culture, les pluies
violentes comme les pluies de longue durée étant bien plus nuisibles qu'utiles. Dans les terres argileuses, les pluies violentes
augmentent la compacité, battent la surface et facilitent la formation d'une croûte superficielle lors du desséchement ; en outre,

elles produisent des ravinements très préjudiciables aux cultures et au sol lui-même. Dans les sols arides, elles peuvent présenter l'avantage d'entraîner profondément les sels, mais elles ne sont guère plus utiles à l'alimentation en eau des plantes qu'une petite pluie ; l'excès d'eau qui en résulte pour le sol est en effet rapidement évaporé sans que les plantes aient pu l'utiliser, celles-ci ne profitant pas des quantités d'eau qui dépassent une certaine limite optimum ; entre cet optimum et le maximum d'eau que peut renfermer le sol sans nuire à la végétation, l'activité de la croissance peut devenir plus considérable que l'activité normale et nuire ainsi à la plante en s'abaissant brusquement. Aussi, dans ces régions, les meilleures années pour la végétation sont-elles celles où les jours de pluie sont assez nombreux, régulièrement espacés et où les averses sont peu violentes et peu abondantes. Un grand nombre de plantes des régions désertiques réussissent ainsi à vivre avec des quantités d'eaux météoriques très minimes, mais qui leur arrivent pour ainsi dire au fur et à mesure de leurs besoins et qu'elles peuvent utiliser complètement.

A Biskra, la quantité d'eau qui tombe en moyenne par an dépasse 200^{mm}, elle est voisine de 240^{mm} ; généralement, on traverse des périodes de trois ou quatre années pluvieuses où la hauteur d'eau tombée dépasse cette moyenne, suivies par des périodes d'années sèches où la moyenne oscille autour de 160^{mm}. D'ordinaire, dans le premier cas, on trouve une journée d'orage violent où la hauteur d'eau tombée varie de 80 à 120^{mm}, en une seule fois, c'est-à-dire atteint le tiers environ de la hauteur d'eau tombant annuellement.

A une faible distance dans le sud de Biskra, la hauteur de pluie annuelle s'abaisse subitement au-dessous de 200^{mm}.

Voici les résultats constatés à Biskra par M. Colombo, de 1884 à 1894.

Pluie tombée à Biskra de 1884 à 1894.

ANNÉES.	JANVIER.		FÉVRIER.		MARS.		AVRIL.		MAI.		JUIN.		JUILLET.		AOUT.		SEPTEMBRE		OCTOBRE.		NOVEMBRE.		DÉCEMBRE.	
	Nombre de jours.	Hauteur en millimètres.	Nombre de jours.	Hauteur en millimètres.	Nombre de jours.	Hauteur en millimètres.	Nombre de jours.	Hauteur en millimètres.	Nombre de jours.	Hauteur en millimètres.	Nombre de jours.	Hauteur en millimètres.	Nombre de jours.	Hauteur en millimètres.	Nombre de jours.	Hauteur en millimètres.	Nombre de jours.	Hauteur en millimètres.	Nombre de jours.	Hauteur en millimètres.	Nombre de jours.	Hauteur en millimètres.	Nombre de jours.	Hauteur en millimètres.
1884	3	12	5	40	5	82	2	2	6	18	5	66	1	50	0	0	1	1	5	44	7	40	5	59
1885	0	0	0	0	6	27	2	24	1	1	0	0	2	8	2	25	3	22	4	7	3	27	0	0
1886	3	70	5	22	1	2	4	13	1	7	0	0	2	4	2	19	5	36	1	1	2	7	5	23
1887	1	4	2	4	6	16	7	77	2	10	1	1	0	0	2	7	4	7	1	4	6	8	3	11
1888	3	14	8	29	2	4	1	2	2	8	1	15	0	0	1	1	1	3	3	10	2	33	6	54
1889	5	17	1	1	2	5	2	2	2	33	0	0	0	0	2	13	2	60	0	6	1	3	4	42
1890	2	7	1	1	5	168	3	71	4	36	1	2	0	0	0	0	2	8	2	13	1	7	8	52
1891	0	0	3	41	2	3	3	9	6	11	1	1	2	2	0	0	3	3	5	41	5	41	2	6
1892	2	3	2	9	4	45	8	33	6	65	0	0	0	0	1	2	2	5	5	43	4	20	12	180
1893	3	5	1	3	2	3	2	5	5	22	0	0	0	0	0	0	1	1	0	0	5	50	6	120
Moyennes	2.2	13.3	2.8	16.3	3.5	35.3	3.4	23.8	3.5	21.2	0.9	8.5	0.7	6.4	1	6.7	2.4	14.6	2.6	16.3	8.6	23.6	5.1	55.1

Moyennes générales annuelles. . . . . . . { Nombre de jours 31.7
{ Hauteur de pluie 240mm,2

On le voit, il n'y a pas en moyenne 32 jours de pluies par an à Biskra et il y en a un certain nombre où la hauteur d'eau tombée atteint à peine 1^{mm}. Le tableau qui précède montre que les mois les plus pluvieux sont : mars, avril d'une part, décembre de l'autre ; les pluies de mars et avril sont les plus précieuses pour la végétation, surtout pour les cultures de plaine ; mais lorsqu'elles sont abondantes, elles peuvent nuire aux palmiers, ces deux mois étant les mois de la floraison et de la fécondation. Quant aux pluies de décembre, elles aident au développement des jeunes herbes et, lorsqu'elles sont bien espacées, assurent de bonne heure l'alimentation des animaux en fourrages verts.

Somme toute, la quantité d'eau qui tombe annuellement à Biskra est très faible (à peine le quart de celle qui tombe à Paris), et l'on verra plus loin qu'elle est de beaucoup inférieure à l'évaporation possible : heureusement le minimum d'évaporation se produit en hiver, pendant le développement des végétaux annuels ; mais le manque considérable d'équilibre qui se manifeste pendant l'été entre l'évaporation et la quantité d'eau tombée est un obstacle sérieux à la bonne végétation des espèces arbustives insuffisamment adaptées à ces conditions extrêmes.

Au sud de Biskra, la hauteur d'eau tombant annuellement s'abaisse rapidement au-dessous de 200^{mm} et M. Teisserenc de Bort estime que, d'après les évaluations les plus favorables, elle ne dépasse pas 120^{mm} dans la région des dunes, et encore une partie de cette eau est-elle évaporée avant d'arriver au sol.

Évaporation. — La coïncidence d'une insolation intense avec une raréfaction considérable de la vapeur d'eau dans l'air a pour résultat de produire dans les régions qui nous occupent une évaporation excessive ; c'est dans l'exagération de ce phénomène qu'il faut chercher la raison des difficultés que rencontre la végétation dans ces climats ; aussi l'étude attentive de sa marche et de son intensité s'impose-t-elle au début de ces recherches sur les conditions particulières de l'agriculture au Sahara. Les chiffres suivants donnent une idée de la quantité d'eau évaporée par mois et de la marche de l'évaporation suivant les saisons ; ils sont encore empruntés aux observations de M. Colombo et indiquent la hauteur d'eau évaporée dans une cuve remplie d'eau ; nous les croyons plus voisins de la vérité que les chiffres fournis par l'évaporomètre Piche.

Moyennes mensuelles des hauteurs d'eau évaporées à Biskra pendant la période 1884-1894 (en millimètres) :

Janv.	Févr.	Mars.	Avril.	Mai.	Juin.	Juillet.	Août.	Sept.	Oct.	Nov.	Déc.
4 »	5.4	5.9	7.9	9.7	12 »	13.6	11.8	8.4	6.8	4.2	3.4

En multipliant ces hauteurs par les nombres de jours correspondants, on peut avoir une idée de la hauteur d'eau moyenne évaporée mensuellement. On obtient les chiffres suivants :

Janv.	Février.	Mars.	Avril.	Mai.	Juin.	Juillet.	Août.	Sept.	Oct.	Nov.	Déc.
124	151.2	182.9	237	300.7	360	421.6	365.8	252	210.8	126	105.4

On le voit, la quantité d'eau qui s'évapore par mois varie de la moitié au double de celle qui tombe par an ; et les chiffres qui précèdent ne sont pas excessifs, ils sont déterminés dans l'oasis où l'évaporation est tempérée par le couvert des palmiers et par un taux plus élevé d'humidité atmosphérique que dans la plaine nue ; les amplitudes de variations de température sont bien moindres sous les palmiers qu'à l'air libre ; aussi, M. Pelletreau, qui a fait des recherches sur l'évaporation des eaux douces et salées en Algérie, adopte-t-il comme moyenne pour l'année entière $8^{mm},5$ à Biskra. Cette moyenne est supérieure à celle qui résulte des observations de M. Colombo, où elle n'est que de $7^{mm},7$. Il adopte pour les autres régions :

Littoral	$6^{mm},5$
Constantine	7
Hauts plateaux.	8
Chotts	10

On comprend facilement ce qu'est ici l'évaporation du sol nu, quand on considère non seulement l'intensité de l'insolation, la faiblesse de la tension de la vapeur d'eau dans l'air, mais encore la fréquence et la force du vent qui entretient l'air dans une agitation continuelle, la rareté des nappes d'eau à la surface, et la nature saumâtre de celles qui existent. L'évaporation des chotts est loin d'apporter une compensation dans le manque d'équilibre entre l'humidité de l'air et celle de la terre ; l'évaporation des eaux salées est moindre que celle des eaux douces, seulement les 0,62 de celles-ci, d'après M. Roudaire. En outre, les végétaux désertiques sont loin de restreindre l'évaporation du sol ; ils sont remarquablement organisés pour résister à l'évaporation tant par la diminution et le resserrement de leurs stomates, l'épaississement de leur cuticule, la réduction souvent considérable de leurs organes foliacés, que par la quantité de sels que la plupart renferment : sels en cristaux dans les cellules, parfois même à la surface des feuilles et qui ont une grande affinité pour l'eau ; sels en solution dans la sève qui devient ainsi plus rebelle à l'évaporation, — ce qui montre une fois de plus les ressources que l'on peut tirer des plantes désertiques, tant par elles-mêmes que par l'abri qu'elles peuvent fournir à des espèces plus précieuses, mais aussi beaucoup plus délicates.

L'évaporation produit ici des effets préjudiciables, surtout dans les sols argileux ; on a vu plus haut comment ils arrivent en se desséchant complètement à former une croûte très nuisible à la végétation et même à éprouver une véritable cuisson ; ce dessèchement extrême diminue en outre le pouvoir absorbant des sols pour l'eau : ils ne peuvent, lors des pluies, prendre qu'une quantité d'eau bien inférieure à celle qu'ils retiendraient à l'état meuble ; il y a encore là une supériorité des sols sableux sur les sols argileux. Il serait bon de rechercher ici dans quelle proportion augmente le pouvoir absorbant des sols pour l'eau, suivant leur degré d'ameublissement. M. O'Meara a trouvé qu'un sol argileux absorbe 4 p. 100 d'humidité en plus à l'état labouré qu'à l'état vierge ; la différence en plus va jusqu'à 5 p. 100 dans le cas des sols sableux. D'autre part, le Dr Heiden a montré que les sols tassés absorbent moins d'eau (jusqu'à 7 p. 100 en moins) qu'à l'état naturel ; il sera précieux d'avoir des données exactes sur ce sujet pour le sud algérien, elles seront utiles pour la détermination rigoureuse des pratiques culturales les plus rationnelles à y adopter.

Il y aura lieu également de déterminer avec exactitude la marche de l'évaporation dans les jardins des oasis afin de reconnaître l'influence des ruisseaux d'irrigation et l'influence de la végétation ; on recherchera ensuite quelle est la transpiration des végétaux qui y poussent, afin de la comparer à ce qu'elle est en plaine découverte sous l'action immédiate du soleil. La connaissance de cette transpiration aura d'autant plus d'intérêt que presque tous les végétaux sont ici à feuilles persistantes et ont des organes particulièrement disposés pour lutter contre la sécheresse ; ces déterminations permettront de reconnaître si les condensations ne sont pas plus abondantes sous l'abri des palmiers, étant donnée la température plus basse qui y règne le jour ; il est probable que non, la température y demeurant au contraire plus élevée la nuit qu'aux alentours, ce qui restreint le rayonnement.

On a vu dans l'étude des sols l'influence de l'évaporation sur la concentration des solutions salines, je n'y reviendrai pas ici.

Je n'insisterai pas non plus sur les précautions à prendre pour protéger les jeunes plantes contre une transpiration excessive, elles sont les mêmes, mais plus minutieuses, que celles auxquelles on a recours chez nous en jardinage : recouvrir les jeunes plantes ou les semis de feuilles mortes, de feuilles de palmiers et même de terre, en enterrant complètement les jeunes boutures ; ce dernier mode semble devoir donner des résultats sérieux et mérite d'être essayé en grand. M. Boucard l'a essayé avec succès sur les berges du canal de Suez ; il a ainsi obtenu une prompte reprise de grandes boutures foliacées enterrées profondément, tandis que les essais de plantation ordinaire n'avaient donné que des résultats négatifs.

Tels sont, brièvement indiqués, les caractères distinctifs du climat du Sahara du nord ; telle est la marche des principaux phénomènes qu'il est important de connaître tant au point de vue agronomique en général, qu'au point de vue de la réussite des cultures.

Ce climat ne diffère essentiellement du climat tropical que par l'absence de pluies d'été ; mais il atteint à peu près les mêmes températures élevées qui montent jusqu'à 47°5 à Biskra et 48° à Tuggurt, la température la plus élevée du Caire n'étant que de 47°. La température moyenne de l'année diffère bien peu, au Sahara, de celle des régions tropicales ; on a comparativement les moyennes suivantes :

Biskra	21°2
Ghardaïa	23°7
Rio-de-Janeiro	23°6
Hanoï	24°2
Maurice	25°1

A Paris, la température annuelle moyenne n'est que 11°6.

On a vu cependant que, malgré ces conditions climatériques extrêmes, malgré la rareté des pluies et l'intensité de l'évaporation, le climat ne constitue pas ici un obstacle insurmontable pour l'agriculture, et que, dans bien des cas, on peut utiliser ses extrêmes, même les plus dangereux, et s'en faire de précieux auxiliaires. C'est le meilleur parti à prendre, quand on se trouve en face d'agents naturels qu'il est impossible de modifier en un jour, de se contenter de se protéger contre eux, sans engager une lutte où l'on a tout à perdre ; l'homme en même temps étudie et apprend à connaître ses adversaires qu'il arrive ensuite à transformer en alliés souvent bien indépendants, mais néanmoins bien utiles.

Régime des eaux.

Devant l'extrême rareté des pluies, on peut croire que les cours d'eau sahariens ne coulent qu'à des intervalles très espacés et que les ressources en eau de ce pays sont bien insuffisantes pour permettre de faire des cultures quelque peu étendues. Il en est ainsi, en plein Sahara, dès que l'on se trouve au sud de la dépression des chotts ; mais au nord de cette sorte de mer intérieure, l'eau est plus abondante et le régime des rivières plus régulier. Cette partie du bassin des chotts, en effet, n'est pas exclusivement saharienne, les rivières qui la traversent ont leur origine dans les monts Aurès et, si elles ne coulent pas d'une façon absolument continue, elles sont rarement à sec. Certaines même, comme l'Oued Biskra, l'Oued el Abiod, ne le sont jamais, si mince soit le filet d'eau qui serpente au fond de leur lit. D'ailleurs, les plus importants de ces fleuves tributaires des chotts sont utilisés, d'une façon souvent rudimentaire, pour les cultures et pour l'alimentation en eau des habitants. L'Oued Biskra alimente les cultures et les habitants d'El Kantara, d'El Outaïa, de Biskra ; le surplus féconde les cultures de Chegga. L'Oued el Abiod arrose l'oasis de Sidi Okba et ses voisines. L'Oued el Arab, celle de Khauga et les riches terrains d'El Feydh. Les eaux fluviales ne sont d'ailleurs pas les seules qui existent et qui puissent être utilisées dans ces régions : il existe d'assez nombreuses et abondantes sources dont la captation serait facile, des nappes d'eau ascendante qu'on peut amener à la surface et enfin des nappes artésiennes dont l'une féconde toutes les oasis de l'Oued Rirh. Passons successivement en revue ces différentes natures d'eaux, et voyons quel parti on en peut tirer pour la culture, et les ressources qu'elles constituent.

Eaux fluviales. — Le sud constantinois est sillonné au nord et à l'ouest des chotts par un nombre considérable d'ouad d'importances diverses. Le Zab Chergui, qui s'étend à l'est de Biskra, entre les monts Aurès et les chotts jusqu'au Djerid, est sillonné par de nombreuses rivières coulant sensiblement du nord au sud ; toutes descendent de l'Aurès et vont se perdre dans les chotts. On ne peut guère faire dans cette région 8 à 10 kilomètres dans la direction est-ouest sans avoir à traverser le lit d'une de ces rivières ; un certain nombre sont sans eau une partie de l'année et

ne coulent que l'hiver et lors des orages qui ont lieu en montagne ;
quelques-uns sont très puissants, l'Oued Biskra a souvent 400 à
500 mètres de large avec une profondeur supérieure à 3 mètres, et
dépassant parfois 5 mètres. Il est heureux que de tels cours d'eau,
l'Oued el Arab, l'Oued el Abiod également, ne coulent que rarement
à pleins bords, car ils produiraient des ravages terribles ; ils vont se
perdre à une trop faible distance de la montagne d'où ils descendent, pour avoir le temps de perdre leur caractère torrentueux.
Leurs crues sont terribles et soudaines, entraînant tout sur leur
passage ; étant donnés les blocs de rochers qu'elles transportent,
j'estime que leur vitesse atteint au moins 4 mètres à la seconde ;
elles roulent d'énormes masses de limons qui vont colmater les
bords des chotts. Il serait bien téméraire de songer à arrêter ces
eaux dévastatrices dans des barrages-réservoirs : étant données la
puissance des crues et l'irrégularité du débit on ne peut songer,
d'ici longtemps, à construire de tels barrages. Il faudrait en effet
des capitaux considérables pour construire des ouvrages d'une
résistance à toute épreuve; et pour qui ces réserves d'eau ? —
les indigènes n'en ont pas besoin — pour des colons qui sont
encore à venir et qui devront, avant d'avoir rien gagné, payer
l'eau pour cultiver, un prix exorbitant ; car on ne pense pas que
l'État ou le Gouvernement général prennent à leur charge de pa-
reilles dépenses[1]. En outre, on sait la rapidité avec laquelle se
produit l'envasement des réservoirs actuellement existants en
Algérie — le réservoir de l'Habra s'envase par an de 1 million de
mètres cubes — l'envasement qui n'est que de 1/60 en Espagne,
dépasse 1/35 dans les barrages algériens, et il serait plus considérable encore ici : on connaît quels dangers peuvent causer ces barrages lors d'hivers pluvieux ; l'accident arrivé cette année à celui
du Tlélat est trop récent pour que j'insiste là-dessus. Enfin, à cause
de la nature géologique de la région, ces barrages seraient presque
partout très difficiles à établir dans le voisinage des terres à arroser.
Leur construction dans les derniers contreforts de la montagne
exigerait l'établissement de canaux d'amenée d'une longueur considérable, ce qui augmenterait considérablement le prix de revient
de l'eau et nécessiterait un volume plus grand du réservoir pour
compenser les pertes par évaporation qui se produiraient le long
de ces canaux, en même temps que les pertes par infiltration, à

1. En Algérie, le colon ne dispose guère que de 1/5 de litre par seconde et
par hectare et il le paie 22 fr. 50 c. à 25 fr. — Dans le midi de la France, où on
dispose de 1 litre par seconde et par hectare, il faudrait à ce taux payer 112 fr.
50 c.!! (Ronna.)

moins de se résoudre à recourir à un système parfait de canalisation qui serait très coûteux. Encore une fois, je crois que cette question ne doit pas être agitée d'ici longtemps, et je pense que le seul système actuellement pratique consiste à établir, sur ces ouad, de nombreuses dérivations au moyen de barrages rudimentaires qui permettraient de prendre au passage l'eau nécessaire aux besoins d'un village ou d'une, deux ou trois exploitations. Ces barrages pourront être établis soit en maçonnerie, soit en pierres sèches et fascines ; ils devront être submersibles afin de laisser passer les crues si dangereuses qui se produisent ici ; les barrages en pierres sèches ont l'avantage d'être facilement réparables en cas d'accident et de ne coûter que très peu de chose. Et il ne faut pas croire que ce mode de captation de l'eau ne permette pas de se livrer à des cultures régulières ; dans toutes les grosses rivières, il y a toujours assez d'eau pour alimenter de grandes étendues cultivées. Je n'ai pas eu le temps de terminer le relevé des crues de l'Oued Biskra et de l'Oued el Abiod, mais ce que j'ai pu voir montre clairement que ces fleuves ont toute l'année un débit appréciable ; ce sont des cours d'eau de montagne, et les averses et les orages sont fréquents dans l'Aurès, même en été. Quant aux rivières de moindre importance et aux affluents des premières, il sera peut-être possible d'établir sur leurs cours de petits réservoirs qui permettront d'en régulariser le débit ; il semble, à l'inspection des ruines romaines, que les Romains ont employé cette façon de procéder qui semble devoir donner de bons résultats.

J'ai un peu insisté sur cette question des barrages-réservoirs parce que je pense que leur construction ici serait actuellement une très grosse faute, et j'ai voulu montrer qu'il est très possible d'utiliser les eaux courantes sans avoir recours de longtemps à l'établissement de ces ouvrages coûteux.

Outre les rivières qui arrosent le Zab de l'est en coulant dans une direction générale nord-sud, on trouve encore des fleuves plus rares, mais très importants, dans l'ouest de Biskra, fleuves qui viennent également se jeter dans la partie nord des chotts : les deux principaux sont l'Oued Djedi et l'Oued Itel. L'Oued Djedi vient des montagnes calcaires des environs de Laghouat, remonte du sud-ouest au nord-est, traverse dans le département de Constantine la région des Ouled Djellal et une partie du Zab de l'ouest et continue à se diriger vers Biskra. Avant d'atteindre cette oasis, il redescend brusquement vers le sud et va se perdre dans les chotts, dans l'estuaire de l'Oued Biskra. L'Oued Itel, moins important, ne traverse guère que des terrains de parcours et remonte du

S.-O. au N.-E. se perdre dans le chott Melrir ; quoique prenant leur source dans une direction opposée aux premiers, ces cours d'eau ont un régime analogue, surtout l'Oued Djedi qui a des crues terribles comme l'Oued Biskra.

En résumé, les cours d'eau sont nombreux dans cette région et si leur cours n'est pas régulier, ils n'en déversent pas moins dans les chotts des volumes d'eau énormes et amoncellent sur leurs bords des lits épais d'un limon qui renferme de véritables trésors de fertilité.

Les sources sont assez fréquentes ici et bien des oasis sont arrosées par des eaux de cette provenance : les oasis d'Oumache, de Drauh, de Chetma...; ces eaux sont généralement à des températures assez élevées, variant de 25° à 30° ; on verra plus loin que cette chaleur des eaux d'irrigation semble produire très bon effet sur la végétation, en particulier sur celle du palmier. Actuellement on n'utilise qu'une très minime partie du débit de ces sources ; leur captation bien comprise pourra permettre d'augmenter notablement les cultures de ces oasis. De même, la plupart des oasis des Ziban sont arrosées par des sources, et, dans le Djerid, les sources sont également fréquentes (Tozeur, par exemple). Sans insister ici sur la teneur en sels de ces eaux, je dois remarquer qu'elles en renferment beaucoup moins que les puits artésiens, lesquels en renferment toujours au moins 3 grammes par litre ; celles des Ziban n'en renferment en moyenne que $1^{gr},9$ et celle de Drauh que $0^{gr},70$. Je reviendrai plus loin sur ce sujet.

Quant à la nappe d'eau ascendante, elle est rarement utilisée dans ces régions ; cependant on trouve des norias aux Ouled Djellal, et, au Souf, la nappe d'eau voisine du sol est utilisée pour la plantation des végétaux au fond d'excavations où leurs racines peuvent puiser directement dans la nappe aquifère ; ce sont les deux principaux exemples de l'utilisation de cette nappe dans le sud constantinois. A Biskra où elle est un peu profonde, 35 mètres, les moteurs étant rares, on n'a pas encore entrepris de l'utiliser. D'ailleurs les gens du pays espèrent toujours qu'on leur trouvera une nappe artésienne puissante et que l'eau leur viendra d'elle-même. Malheureusement, la nappe artésienne n'a été rencontrée ici qu'à 360 mètres et son débit est insignifiant.

La nappe artésienne est utilisée dans les Ziban où la Compagnie de l'Oued Rirh a foré un puits à Foughala, puits donnant 300 litres à la minute. Mais c'est surtout dans l'Oued Rirh que les eaux artésiennes sont employées ; elles servent à arroser toutes les oasis de cette longue et étroite vallée qui s'étend de Mraïer jusqu'au delà de Tuggurth. Depuis longtemps les indigènes savaient aller chercher l'eau jaillissante, mais depuis 1856 on a substitué le forage à la façon dangereuse et rudimentaire dont les indigènes creusaient leurs puits. La zone aquifère s'étend, le long de la vallée de l'Oued Rirh, sur plus de 100 kilomètres et on la retrouve dans le sud-ouest entre N'goussa et Ouargla, semblant rejoindre la vallée de l'Oued Mïa ; sa profondeur est peu considérable et reste voisine de 75 à 80 mètres[1].

En 1885, d'après M. Jus, on comptait dans l'Oued Rirh 114 puits jaillissants français et 492 puits indigènes, débitant ensemble plus de 250,000 litres d'eau à la minute et arrosant 600,000 palmiers et 100,000 arbres fruitiers. Les puits français sont tubés en fer ; les plus anciens, creusés depuis plus de 35 ans, n'ont pas varié de débit ; les puits indigènes sont boisés et réclament des curages fréquents. Les puits artésiens français ont été creusés soit par les ateliers militaires, soit par l'atelier de la Compagnie de l'Oued Rirh. On a beaucoup écrit sur les puits artésiens de l'Oued Rirh et ce n'est pas le moment de s'appesantir sur ces travaux cependant bien intéressants. Disons pourtant qu'il semble possible de forer encore quelques puits sans abaisser le débit des puits existants[2], et donnons pour résumer la question quelques chiffres d'après l'ingénieur Jus :

PUITS.	PROFONDEUR.	DÉBIT.	TEMPÉRATURE.
	mètres.	litres.	degrés.
Sidi Amran.	81 09	4,000	24
Tala em Mouidi.	77 30	5,000	24 3
Ariana Djana.	74 »	3,327	25 8
Sidi Yahia, 2	79 84	1,217	23 8
Mraïer, 6	53 12	1,230	24 5

Le forage de ces puits a été fait à raison de $2^m,55$ par 24 heures, et le mètre de forage est revenu à 62 fr. 14 c.

Les puits artésiens sont la cause de la fertilité de l'Oued Rirh, dont les dattes sont si renommées ; la prospérité actuelle et l'avenir

1. La nappe artésienne affleure d'ailleurs dans certains *behour* (dépressions) de l'Oued Rirh, et c'est elle qui alimente probablement les lacs en entonnoirs d'Aïn Taïba.

2. Je laisse à M. Jus toute la responsabilité de son opinion, ayant constaté en 1895 que dans la région de Tuggurth les débits avaient diminué par suite de l'exagération du nombre des puits. (Note ajoutée avant la publication.)

de cette contrée sont intimement liés à leur existence et au maintien de leur débit.

Tel est, sous ses différents aspects, le régime des eaux dans le sud de Constantine ; les parties les plus favorisées profitent de l'existence d'une nappe artésienne jaillissante qui donne son eau sans autres frais que le forage des puits ; les autres peuvent utiliser les eaux souterraines ascendantes et surtout capter au passage les eaux fluviales qui descendent des monts Aurès ou qui ruissellent à la surface lors des pluies, ou bien capter les sources que les neiges et les pluies de la montagne alimentent dans les Ziban et dans le Djerid.

Voyons maintenant quelle est la valeur de ces différentes eaux pour la culture : d'abord ces eaux, surtout les eaux de source et les eaux artésiennes, ont une température relativement élevée, généralement de 24° à 30° C. température qui paraît très favorable aux plantes arrosées, dont elle accélère la végétation et augmente la précocité. En second lieu, ces eaux renferment des quantités souvent notables de substances salines, mais qui sont rarement préjudiciables aux cultures ; les eaux les plus salées sont d'ailleurs celles de l'Oued Rirh où la principale culture est celle du dattier, qui s'en accommode très bien.

Voici quelques chiffres donnant une idée de la teneur en sels des principales eaux de la région :

PROVENANCE.	POIDS DES SELS par litre.	AUTEUR de l'analyse.
	grammes.	
Puits d'El Oued	1,65	Vuillemin.
Sources de Biskra	2,26	Lahache.
— Draub	0,70	Ville.
— Chetma.	2,69	Jus.
— Oumache.	2,44	»
— des Zibans (moyenne)	1,91	Lahache.
»	2,26	Jus.
Oued Djedi inférieur.	17,87	Ville (1861).
Puits artésien Chegga	5,93	Jus.
— Mraïer	4,20	»
— Ourlana	5,40	»
— Ghamra	8,42	»
— Meggarin	4,05	»
— Tuggurth	8,71	»
— N'goussa	3,68	»
— Bardad	12,49	»

Quant à la composition de ces sels, les analyses suivantes, dues à M. Lahache, la donnent pour les eaux des principales régions :

PROVENANCE.	CO_2.	Na Cl.	AzO^7Na^2.	SO^4Na^2.	SO^4Cu.	SO^4Mg.	CO^7Cu.	CO^7Mg.	Mg Cl.	Si O^2.	Total.
Ziban	0.053	0.260	0.085	0.012	1.018	0.418	0.120	»	»	0.012	1.917
Biskra.	0.087	1.200	0.042	0.102	0.400	0.310	0.155	0.023	»	0.030	2.262
Ouargla	0.056	0.788	0.173	»	0.761	0.342	0.090	0.033	0.110	0.013	2.318
El Oued	0.107	0.314	0.129	0.323	0.542	0.693	0.243	0.193	0.324	0.009	2.770
Oued Djedi	0.022	2.105	0.040	0.022	2.108	0.304	0.050	»	»	»	4.619
Oued Rirh	0.021	0.877	0.215	2.060	1.110	0.835	0.048	»	»	0.015	5.160

On peut voir par ces chiffres que les sels qui dominent ne sont pas, sauf le chlorure de sodium, des sels nuisibles à la végétation : le sulfate de soude n'est abondant que dans les eaux de l'Oued Rirh qui, en revanche, contiennent peu de sel marin.

Un des caractères les plus remarquables de ces eaux est leur pauvreté en sel de potasse, en même temps que leur richesse en azote nitrique ; certaines renferment jusqu'à 35 gr. (Oued Djedi) et 36 gr. d'azote par mètre cube ; le tableau ci-dessous donne les principaux chiffres obtenus par M. Lahache, comparativement avec ceux relatifs aux eaux d'égout de Paris et aux eaux du Nil :

AZOTE PAR MÈTRE CUBE.	Biskra.	Ziban.	Chegga.	Mraïer.	Ouargla.	El Oued.	Oued Djedi.	Égouts de Paris.		Eau du Nil.	Eau de Seine.
								Durand-Claye.	Schlœsing. (Clichy)		
	gr.	gr.									
Azote soluble	7	14	22.5	36	28.5	24	35	»	29	2	»
Azote total.	7	14	22.5	36	28.5	24	35	45	53	2	0.2

On remarquera de plus que si les eaux d'égout de Paris sont les plus riches en azote total, elles ne sont pas les plus riches en azote soluble et que l'azote solide n'a pas été dosé par M. Lahache, qui s'est seulement attaché au résidu salin de l'évaporation.

. En raison de l'intérêt que présente cette teneur en azote des eaux d'irrigation, je lui ai consacré une étude spéciale à laquelle je renvoie et où j'ai montré le rôle fertilisant de ces eaux et les modifications qu'elles permettent d'adopter dans la fumure des terres[1].

On voit, en résumé, que si les eaux météoriques sont peu abondantes ici, il n'en existe pas moins de grandes ressources tant en eaux courantes qu'en eaux souterraines, et que si ces eaux sont souvent très riches en sels, elles en renferment assez d'utiles pour que devant leur action, le rôle des sels nuisibles s'atténue dans une très grande mesure, et qu'au fond elles ont une valeur fertilisante considérable.

Situation actuelle de l'agriculture.

L'agriculture dans le Sahara algérien est actuellement un peu dans une période critique ; d'une part, le recul vers le sud des tribus nomades dissidentes et l'établissement de postes français donnent aux indigènes des oasis une liberté et une sécurité auxquelles ils n'étaient point accoutumés ; ils peuvent se donner entièrement à leurs cultures, certains de récolter ce qu'ils auront semé. D'autre part, l'installation de colons français dans ces régions doit encourager les indigènes à tirer meilleur parti de leurs terres. En outre, dans l'Oued Rirh, la propriété a passé des mains des maîtres révoltés dans celles des anciens esclaves, et ceux-ci, profitant des nombreux puits artésiens que foraient nos ateliers, se mirent à reconstituer les jardins et arrachèrent plusieurs oasis à une destruction inévitable. Où le régime ancien a subsisté, des oasis autrefois florissantes se meurent sans que les insouciants Arabes fassent rien pour les sauver. A Ghadamès, pour ne citer qu'un exemple, l'étendue des cultures est réduite de plus de moitié et va diminuant chaque jour, de telle sorte que les habitants de cette oasis, qui fut très florissante et constitua un centre important, doivent actuellement acheter des dattes aux gens du Fezzan.

L'exploitation par les indigènes comprend les cultures de plaines faites par les nomades et les cultures des sédentaires dans les oasis.

Peu de chose à dire des cultures des nomades qui reviennent à l'automne des hauts plateaux et ensemencent un coin d'orge ou

---

1. Sur la pauvreté en azote des sols du sud algérien et leur fertilité remarquable.

de blé plus ou moins grand suivant qu'il pleut plus ou moins ;
ils profitent rarement des eaux d'irrigation qui sont d'ordinaire
la propriété des oasiens.

Les oasis du sud constantinois peuvent être partagées, d'après
la nature de leurs eaux d'irrigation, en 4 classes :

1° Les oasis de montagne, sur le versant méridional de l'Aurès ;

2° Les oasis de plaine, arrosées par les eaux courantes à Biskra-
Khanga ou par les eaux de source : Tolga, Ourlal Mlili ;

3° Les oasis des bassins artésiens : Oued Rirh, N'gouça, Ouargla.

4° Les oasis d'excavation, jardins creusés dans les dunes de
sable, utilisant l'eau de la nappe superficielle : oasis du Souf.

Les oasis de montagne ont un caractère tout à fait spécial : le
palmier y donne des fruits de médiocre qualité et sert surtout à
protéger les autres cultures des chaleurs de l'été ; elles sont habitées
par une population rude, vivant de l'exploitation des arbres fruitiers (abricotiers, pêchers, vignes) qui poussent sous les palmiers ;
de la production de légumes qu'ils vendent au marché de Biskra
avec leur volaille et leurs œufs ; ils vont aussi y vendre le bois
recueilli dans la montagne, ou le charbon et le goudron qu'ils
en retirent. La vie est dure sous ce climat très froid l'hiver, brûlant l'été ; aussi les Chaouïa qui la subissent tranquillement, travaillant sans relâche, sont-ils des gens robustes, véritables Kabyles
inaccessibles à la mollesse arabe ; ils savent tirer parti de tout,
sont bûcherons, potiers, quand leur jardin ne réclame pas leurs
soins. Il n'y pas à insister ici sur ces oasis où la colonisation n'a
rien à faire et qui garderont bien longtemps leur organisation actuelle.

Moins pittoresques peut-être, mais plus intéressantes pour nous,
les oasis de plaine, parsemées le long des ouad qui descendent
de l'Aurès dans ces immenses plaines du Zab Chergui, ou grou-
pées autour des sources des Ziban. Elles donnent une excellente
mesure de la fertilité de ces terres incultes, où elles semblent
constituer les premiers jalons d'une exploitation complète ; car
ce sont uniquement la faible densité des populations indigènes et
la dépendance dans laquelle les tenaient les Arabes nomades
qui ont limité l'étendue des cultures, et non la stérilité du sol.
Celui-ci n'a besoin que d'eau pour produire, et partout où ces gens
naturellement mous ont trouvé de l'eau, rivière ou source, ils y
ont fixé leur demeure, tirant toute leur vie de cette terre féconde,
sans presque jamais lui rendre de principes fertilisants, l'eau
suffisant dans une certaine mesure à entretenir sa richesse. Ici
les cultures sont nombreuses : dans l'oasis, dattiers, abritant des

oliviers sous lesquels poussent orangers, pêchers, figuiers, pendant qu'entre eux le sol produit les légumes nécessaires à l'alimentation de la famille. Cette succession des cultures en hauteur est bien vieille; Pline la signale déjà : « *Palmæ ibi prægrandi subditur olea, huic ficus, fico punica, illi vitis ; sub vite seritur fruentum, omniaque aliena umbra aluntur*[1]. » A côté de l'oasis on cultive les céréales, orge et blé, l'orge à la fois comme fourrage et pour son grain, et, si les exigences en eau du dattier le permettent, on fait quelques cultures d'été : maïs, sorgho, millet.

Les animaux ne reçoivent pas de soins spéciaux, ils vont paître dans les terrains de parcours où ils utilisent les broussailles plus ou moins maigres qui y poussent; ils reçoivent parfois au printemps un peu d'orge verte et de mélilot, mais non partout.

Les oasis de l'Oued Rirh comportent sensiblement les mêmes cultures que celles-ci, mais on n'y fait que très peu de céréales ; tous les terrains utilisables sont plantés en palmiers. Le mode d'irrigation diffère aussi : on irrigue par planches et l'eau de drainage ne reçoit pas d'écoulement suffisant, ce qui rend le pays très fiévreux, les eaux se réunissant dans les bas-fonds où elles constituent de véritables marécages. Il faudrait leur trouver une issue, ce qui semble difficile *a priori*, une partie de l'Oued Rirh étant au-dessous du niveau de la mer ; on pourrait faciliter leur écoulement dans les couches perméables du sous-sol, au moyen de puits peu coûteux ; il existe en effet ici deux bancs de sables assez épais pour constituer des pertes suffisantes, l'un à une profondeur moyenne de 8 mètres, l'autre entre 30 et 40 mètres.

Ici, comme dans les oasis de plaine, les cultures sont faites par la famille, ou, chez les grands propriétaires, par des fermiers au cinquième qui portent le nom de *khammès*. La très grande propriété n'est pas commune, mais les petits propriétaires sont nombreux; la plupart des indigènes possèdent un jardin de palmiers et les moins fortunés s'installent comme khammès. La condition de ces derniers est très bonne, ils ont comme rémunération le cinquième des fruits et la libre disposition du sol pour y faire des cultures intercalaires. Le palmier réclame des soins assidus, mais rarement pénibles : cette culture par khammès présente certaines garanties et les colons français l'emploient pour ce motif et parce qu'ils trouvent difficilement assez de main-d'œuvre pour exploiter directement, mais elle rend bien difficiles les améliorations culturales et les essais nouveaux.

1. Pline l'Ancien, *Hist. nat.*, XVIII, LI.

L'Oued Rirh est, comme le Djerid et le Souf, le pays des dattes. Ce sont ces régions qui produisent les dattes de meilleure qualité : l'infériorité des dattes des oasis de la région de Biskra tient non pas à une différence de température ou d'éclairement, ces différences étant insensibles, mais à ce que les soins y sont moins minutieux et surtout le sol trop compact et le mode d'irrigation défectueux, on le verra plus loin.

Les oasis d'excavation, dont le type est au Souf, comprennent des jardins établis au fond d'excavations creusées dans la dune par l'indigène, jusqu'au voisinage de la nappe d'eau superficielle ; malgré des protections de toutes sortes, le sable redescend sans cesse et l'indigène doit peiner sans relâche pour préserver son jardin, aussi est-il très industrieux et opiniâtre. Les palmiers au milieu de ce sable, puisant d'eux-mêmes l'eau dans le sol, sont dans les meilleurs conditions possibles et donnent des fruits de qualité supérieure et en plus grande quantité qu'ailleurs. Le palmier est tout pour le Souf, aussi atteint-il ici une valeur considérable : souvent 500 fr. l'arbre, parfois jusqu'à 800 fr. On fait aussi sous son ombre quelques cultures de légumes, du henné, du tabac, etc. La culture est exclusivement familiale et tout à fait intensive : le Soufi travaille pour lui et on ne peut compter trouver au Souf des ouvriers pour la culture directe. D'ailleurs le Souf, plus encore que les oasis de montagne, a son existence liée aux conditions actuelles dans lesquelles il se trouve ; il faut les gens énergiques et laborieux que sont les Souafa pour tirer un aussi merveilleux parti des sables qui recouvrent ce pays.

Aussi est-ce sur les plaines de la région de Biskra et sur les oasis de l'Oued Rirh que se sont portés les efforts des premiers colons français qui sont venus demander ses richesses à ce pays mystérieux dont ils avaient pressenti la fécondité latente. On les a raillés à Alger et à Constantine quand ils ont acheté en 1878 l'oasis d'Ourlana mise en vente par le domaine ; il fallait être vraiment convaincu pour aller acheter un morceau de désert, quand, aux portes d'Alger, on gagnait, en rien de temps, des fortunes avec la vigne ; mais eux ne se sont pas laissé arrêter, ils connaissaient toute l'Algérie, le Tell aussi bien que le désert aride du sud oranais, les rochers du M'Zab et les bas-fonds de l'Oued Rirh, leur conviction était faite, solidement basée sur une connaissance exacte des lieux. Ils se sont installés résolument, malgré des entraves de toute sorte apportées de toutes parts, souvent par ceux-là mêmes dont le rôle était de les aider, et aujourd'hui, alors que la vigne a produit les désastres que l'on connaît, ils sont en pleine prospérité, possèdent plus de 1,500 hectares plantés en palmiers. Leurs ateliers ont foré 7 puits artésiens (les premiers ont été forés par les ateliers militaires) débitant 17,000 litres à la minute. M. Fau, MM. A. et F. Foureau ont donné, en créant la Compagnie de Biskra et de l'Oued Rirh, un grand exemple et ont ouvert le sud algérien à la colonisation. Ce n'est point le lieu de retracer l'histoire et les difficultés de leur installation ; cette histoire serait cependant bien instructive et expliquerait un peu nos nombreux insuccès en colonisation ; il faut, pour réussir ainsi, une dose considérable d'énergie, de foi dans l'avenir et en soi-même, en même temps que de jeunesse et de persévérance.

Après eux, d'autres sont venus : M. Treille à El Amri, dans les Ziban ; la Société agricole de Batna et M. Georges Rolland, dans l'Oued Rirh ; l'exemple est donné et les résultats sont faits pour encourager.

La Compagnie de l'Oued Rirh ne se contente pas des cultures de palmiers, elle exploite depuis l'année dernière une grande ferme dans la plaine d'El Outaïa, et elle y obtient de superbes récoltes de céréales ; cette plaine devrait tenter bien des Français, elle est excessivement fertile, l'eau n'y manque pas et le chemin de fer de Constantine à Biskra la traverse. C'est là que se sont installés les premiers colons français lors de la guerre de Sécession, les Dufourg, venus pour tenter la culture du coton ; ils obtinrent de bons résultats, mais des raisons économiques ne leur permirent pas de continuer cette culture, ils la remplacèrent par celle des céréales qui est d'un grand profit.

On verra plus loin l'avenir de la colonisation dans ces régions, mais il faut auparavant étudier les cultures principales de ces pays, l'exploitation du bétail, en un mot toutes les questions de pratique agricole. Ce court exposé de la situation actuelle était nécessaire pour l'intelligence de ce qui va suivre.

Étude agronomique générale.

Caracteres culturaux des sols. — J'ai décrit plus haut la constitution physique et la composition chimique des sols de ces régions, je n'y reviendrai pas, je dois simplement dire un mot ici de la facilité avec laquelle ils se prêtent aux opérations culturales. La grande généralité des terrains que nous considérons n'ont pas de pente très appréciable, souvent la pente n'y est que juste assez forte pour aider la distribution des eaux d'irrigation ; quand il existe une dépression, elle se produit d'une façon très douce, à peine sensible, de sorte que les vallées sont excessivement rares ; on pourrait presque dire qu'elles n'existent pas. Les lits d'ouad sont presque coupés à pic à travers la plaine et il est bien difficile de trouver une ligne de faîte entre deux rivières voisines ; cela tient en grande partie à la nature de ces terres qui, presque toutes, sont des terres de transport : l'action des vents a toujours tendu à combler les dépressions et, agissant avec plus de force et plus de continuité que celle des eaux de ruissellement, les vallées se sont peu à peu comblées, comblées aussi par l'apport constant fait par les eaux des éléments de roches arrachés au bassin supérieur. De là l'absence d'eau dans les lits d'ouad, quand la montagne cesse de les alimenter ; le lit est souterrain, les vallées n'étant plus assez profondes pour que les lignes de sources affleurent le thalweg. De cette absence de vallées résulte le peu de pente des terres, ce qui les rend très faciles à cultiver et permettra d'y employer les instruments agricoles perfectionnés. Mais il en résulte aussi un danger qu'il faut bien prévoir : il faut se garder en cultivant de laisser dans ces terres les plus petites dépressions ; pendant un orage violent, les eaux en profiteraient pour s'écouler et pourraient les transformer en petits ruisseaux profondément découpés, véritables canaux très préjudiciables aux cultures et à l'exploitation du sol, qui permettraient en outre l'entraînement du limon et des principes fertilisants. Ce danger peut être facilement prévenu en établissant judicieusement les canaux d'irrigation, et surtout ceux qui sont destinés à évacuer l'excès d'eau, lesquels serviront très utilement lors des orages.

Les terres argilo-sableuses de ce pays sont très faciles à cultiver quelle que soit la sécheresse à laquelle elles aient pu être soumises ; elles n'ont pas besoin de façons bien profondes à cause de leur légèreté ; les terres compactes, au contraire, pour peu qu'on les ait laissées se dessécher, ne peuvent être cultivées qu'après une pluie abondante ou une irrigation préalable.

Même dans ces dernières terres, les façons culturales sont tout à fait primitives : je n'ai guère vu, même dans les exploitations européennes, donner autre chose qu'un simple labour à la charrue arabe ; on répand au préalable la semence sur le sol dur, on donne un coup de charrue et tout est dit. Il y a beaucoup à faire de ce côté ; il y a des charrues très simples et très rustiques, comme les charrues Oliver, qui seraient ici d'un excellent emploi, et quand

bien même il serait absolument démontré, ce qui ne l'est pas du
tout actuellement, que les labours superficiels sont les meilleurs,
pourquoi s'obstiner à les exécuter avec la charrue arabe si difficile
à manier et qui fait de si mauvaise besogne ? Pourquoi n'avoir pas
recours soit aux charrues Oliver, soit à des brabants légers, soit à
des polysocs qui feraient de l'excellent travail et auraient le précieux
avantage d'économiser du temps ? On pourrait pour commencer se
contenter de deux labours croisés qu'on ferait au moyen d'un de
ces instruments, la nature légère des terres permettrait générale·
ment de se passer de herse.

Les sols désertiques sont remarquables par leur grande propreté ;
elle tient surtout à ce qu'ils restent souvent durant plusieurs années
à l'état de jachère nue; pour peu que ces années ne soient pas plus
pluvieuses que la normale, les végétations spontanées disparaissent
presque toutes. Dans les terres qui sont irriguées pendant plusieurs
années de suite comme les luzernières, l'eau d'irrigation amène
le développement du chiendent qui souvent, au bout de 2 ou 3 ans
au plus, détruit la prairie. C'est la principale mauvaise herbe qu'on
rencontre ici ; parfois l'*Hordeum murinum* est aussi assez fréquent,
mais jamais aussi dangereux. Dans l'intérieur des oasis se développent, à la faveur de l'humidité du sous-bois, toutes les mauvaises herbes de nos pays, lesquelles prennent parfois une extension
gênante, grâce à l'incurie des indigènes. Mais les terres de grandé
culture sont d'une propreté extraordinaire ; il s'y développe cependant quelquefois au printemps, sous l'influence de l'irrigation, des
grandes quantités d'armoises et de matricaires, ainsi qu'une petite
crucifère qui émaille les champs d'orge de ses fleurs violettes, la
Moricandia arvensis ; mais ces plantes sont vite étouffées par la végétation exubérante des orges et des blés. En examinant avec grand
soin la terre la plus nue, on y trouve des quantités considérables de
graines, surtout des graines crucifères et de graminées, qui n'attendent qu'un peu d'eau pour germer, et, cette année qui a été
exceptionnellement pluvieuse, on a vu des quantités considérables
de petites fleurettes surgir du milieu des terres les plus arides et
jusque sur les montagnes dénudées, comme celle de Sfa par exemple. On trouve parfois, dans les terres de culture, quelques plantes
buissonnantes qui imposent un défrichement, — très peu pénible
d'ailleurs : le Zita (*Limoniastrum Guyonianum*) Staticée qui se couvre
de fleurs roses au printemps ; le *Nitraria tridentata*, Zygophyllée
épineuse dont les fruits sont de petites baies rouges ; quelques
Chénopodées et surtout le Guetaf (*Atriplex halimus*, etc.), très
recherché des chameaux et des moutons et qui est à développer

ici. Tous les défrichements se bornent à arracher ces quelques buissons dont le plus élevé n'atteint pas 2 mètres.

Assolement. — Il n'y a pas, à proprement parler, d'assolement dans les cultures du sud algérien : le caractère principal de la succession des cultures est la jachère fréquente, presque toujours jachère nue ; il arrive souvent que les terres ne sont cultivées qu'une fois tous les 3, 4, 5 ans et plus ; quelquefois cependant, elles portent au moins deux récoltes de suite et de la façon suivante : la première année on fait une culture d'orge et, comme la maturation se fait très rapidement, on perd lors de la récolte une certaine quantité de grains ; ceux-ci constituent la semence de la récolte suivante. On ne donne aucune façon au sol, on se contente de lui envoyer l'eau d'irrigation une ou deux fois et on obtient une seconde récolte qui souvent le cède peu à la première. D'ordinaire, on coupe en vert une partie de ce *Khalfa* (c'est le nom qu'on lui donne), et on le fait consommer par les animaux sous le nom de *djedria,* à laquelle est souvent mélangée, naturellement ou à dessein, une certaine quantité d'*aklil* (mélilot). Cette seconde récolte n'a pas lieu avec le blé, mais on le fait suivre souvent d'une culture d'été : maïs, sorgho, millet. Il est rare qu'une terre soit cultivée plus de 3 ans de suite, elle reste en jachère nue un nombre d'années variant suivant l'étendue de l'exploitation ; je connais un domaine qui renferme des terres en jachère depuis 25 ans ! Je ne pense pas que le principe fondamental de ce mode d'exploitation, les jachères, même la jachère nue, soit à proscrire immédiatement ; il assure en effet dans une grande mesure la propreté des terres, mieux même que ne le ferait une culture sarclée, d'ailleurs bien difficile à pratiquer ici en grand, en raison de la pénurie de main-d'œuvre. Mais la jachère prolongée peut devenir mauvaise en favorisant, dans une mesure considérable, la concentration des solutions salines à la surface. D'ailleurs l'étendue des terres qu'il sera possible de laisser en jachère sera très réduite le jour où on fera des cultures fourragères ; les prairies permanentes de salsolacées et de légumineuses diminueront les terres comprises dans l'assolement, et les prairies temporaires diminueront d'autant la jachère nue.

Engrais et amendements. — L'agriculture dans le sud algérien devant, comme on le verra plus loin, être pendant très longtemps de l'agriculture extensive, la question des engrais ne constitue pas une préoccupation immédiate. D'ailleurs, le caractère des sols arides,— et ils sont nombreux ici,— est de se suffire à eux-mêmes dans l'entretien de leur stock de matières alimentaires, sinon complètement, du moins d'une façon très notable, nous avons dit par quel ensemble de phénomènes, de même que nous avons indiqué le rôle des eaux d'irrigation dans l'entretien de la réserve d'azote.

Les processus de combustion des matières organiques montrent qu'il ne faut attacher qu'une importance bien secondaire à la question du fumier, il faut surtout le réserver aux sols compacts où les combustions se passent sensiblement de la même façon que chez nous ; quant aux terres légères, ce serait une pure perte que de leur donner du fumier tel qu'il sort des étables. Si on en a à utiliser, il faut au préalable le transformer en compost, afin d'y favoriser la nitrification et d'empêcher les pertes d'azote gazeux. Certes, il faut bien se garder de laisser perdre les éléments fertilisants que renferment les déjections animales, mais il semble préférable actuellement de les réserver pour la culture maraîchère, qui peut donner de grands profits par la production des primeurs, et pour les cultures arbustives. Mais je ne crois pas qu'il faille, comme on le fait par habitude, je pense, affirmer comme évidente la nécessité absolue d'augmenter dans des proportions considérables l'élevage du bétail, afin d'avoir dans chaque exploitation un certain nombre de machines à engrais. Certainement, il faut développer et améliorer l'élevage du bétail dans ces régions, parce qu'il peut apporter, dans l'exploitation, une sensible augmentation de profit et permettre l'utilisation d'immenses terres de parcours qu'il n'est pas possible d'utiliser autrement ; mais, élever du mouton à l'étable comme bête à fumier, immobiliser de la main-d'œuvre pour l'y soigner quand un petit pâtre suffit dehors à la garde de grands troupeaux, me semble une faute énorme ; il faudrait aussi diminuer les emblavures de céréales pour augmenter considérablement les cultures de fourrages. Le résultat final serait de produire à prix très élevé de la viande qui se vend bon marché, car on peut la produire pour ainsi dire pour rien ; ce serait du fumier chèrement acheté. Et quel fumier ! Croit-on que dans ces immenses étendues, aussi homogènes comme constitution géologique qu'elles le sont au point de vue physique, les fumiers provenant de sols pauvres en potasse et en acide phosphorique, par exemple, puissent contenir ces éléments, alors qu'ils faisaient défaut dans les fourrages qui ont donné lieu à ce fumier ?

On aura de l'azote, je le veux bien, mais on n'en aura qu'à condition de faire des composts ; et puis les terres ont-elles un aussi grand besoin d'azote ? On a vu que l'irrigation leur en fournit largement et que, grâce aux phénomènes d'évaporation, les racines en ont toujours à leur disposition. Bien au contraire, l'exploitation du mouton au moyen des terres de parcours peut procurer des bénéfices sérieux, du moment où l'on pourra les abriter pendant les rares jours de pluie et leur donner alors un peu de fourrage qu'ils consommeront sur place. On aura ainsi produit de la viande à très bon compte et l'on pourra se dire que l'azote et le phosphore que ces animaux exportent n'ont pas été enlevés aux terres de culture du domaine. Le fumier produit par les animaux de travail et par les rares vaches laitières qu'il y aura peut-être intérêt à garder à l'étable, trouvera utilement son emploi au jardin et dans les cultures forcées.

Quant aux cultures de légumineuses, elles ne peuvent qu'être encouragées, mais je pense qu'il ne faudra pas les enfouir en vert, les engrais verts devant éprouver une combustion beaucoup trop complète si on ne les enfouit pas et beaucoup trop lente dans le cas contraire.

Le jour où les terres auront besoin d'engrais, on les trouvera facilement dans la région, je parle surtout des engrais phosphatés; les gisements de phosphate de chaux semblent nombreux dans les monts Aurès, on pourra donc s'en procurer à bon compte. Le phosphate de chaux pourra peut-être servir en même temps d'amendement dans les sols alcalins ; on y emploie généralement le plâtre qui neutralise l'effet du carbonate de soude, la double décomposition pourrait se produire de même avec le phosphate de chaux ; ce procédé serait beaucoup plus coûteux, mais il enrichirait le sol.

Le plâtre qui constitue souvent un très heureux amendement, est très abondant dans toute la région ; aussi sera-t-il facile ici d'arrêter la formation du carbonate de soude si elle vient à se produire ; en outre, le plâtre précipite l'acide phosphorique qui peut être soluble, mais sous une forme parfaitement assimilable par les végétaux ; enfin, on sait que le plâtre facilite également la diffusion de la potasse dans les sols.

Le calcaire semble abondant dans les sols que nous étudions, ce qui est facile à comprendre, étant donnée la proximité des montagnes calcaires d'où descendent les eaux courantes qui arrosent ces terrains ; si d'ailleurs ceux-ci en avaient besoin, il serait aussi facile de leur en fournir, le calcaire étant aussi abondant que le gypse.

Je crois avoir épuisé cette question des engrais et amendements sur laquelle il serait superflu de s'étendre longuement aujourd'hui.

Irrigations. — La détermination du mode d'emploi le plus rationnel des eaux d'irrigation constitue, pour l'agriculture saharienne, un problème du plus haut intérêt ; celle-ci, en effet, n'existe

que du moment où on dispose d'eau d'irrigation et l'étendue des
cultures est subordonnée aux quantités d'eau disponibles ; il faut
dire de suite que le problème est loin d'être complètement résolu,
malgré l'usage séculaire que l'on fait de cette pratique dans ce pays.
Il est vrai qu'il en est un peu de même non seulement en France,
mais encore dans les pays, comme l'Italie et l'Espagne, où l'irrigation joue comme ici un rôle primordial au point de vue agricole.

Nous manquons de chiffres donnant les quantités d'eau minima
et optima qui conviennent aux différentes cultures, sauf en ce qui
concerne le palmier, pour lequel on a pu déduire des chiffres assez
approchés de ceux adoptés par une pratique plus de dix fois séculaire. M. Jus, qui a dirigé longtemps les ateliers de sondage
dans l'Oued Rirh, estime qu'un puits artésien peut arroser trois fois
autant de palmiers qu'il débite de litres à la minute, ce qui donne
$0^l,33$ par minute et par palmier ; tout en constatant le bon état
d'arbres arrosés à cette dose, il a remarqué que ceux qui recevaient
$0^l,40$ à $0^l,50$ à la minute étaient beaucoup plus vigoureux et rap-
portaient 20 p. 100 de plus que les premiers, tout en permettant
des cultures de céréales entre les arbres, ce qui réduirait de deux
fois, le débit en litres restant constant, le nombre de palmiers que
peut arroser un puits pour obtenir de bons résultats.

Nous empruntons à M. Jus le tableau suivant donnant la moyenne
d'irrigation par minute et par arbre dans les principales oasis de
l'Oued Rirh [1].

OASIS.	MOYENNE D'EAU par minute et par arbre.	DÉBIT TOTAL.
	en litres.	en litres.
Schmourra	1.26	»
Ariana	1.14	»
Tala em mouidi	1.00	5,000
Tala (Ghamra)	1.00	»
Sidi Sliman	0.76	4,000
Sidi Amran	0.65	4,800
Sidi Yahia	0.61	»
Djama	0.45	4,000
Tiguedine	0.35	3,180
Tuggurt	0.22	»
Emira-Ourir	0.21	»
Mraïer	0.19	10,000

1. Les débits indiqués dans ce tableau sur lesquels j'avais cru pouvoir m'appuyer, ont été tellement exagérés que les moyennes d'arrosage qui en résultent
ne peuvent être admises qu'avec la plus grande réserve.

Sur 38 oasis, on en trouve 15 où la quantité d'eau reçue par minute et par arbre dépasse $0^l,40$, où par conséquent les cultures sont dans d'excellentes conditions ; même dans 9 oasis où le taux d'eau reçue par minute et par arbre dépasse $0^l,60$, il y a tout intérêt à faire de nouvelles plantations. Dans une quinzaine, le taux n'atteint pas $0^l,30$, ce qui est tout à fait insuffisant ; il s'abaisse même jusqu'à $0^l,12$, ce qui est insignifiant.

Je n'ai pu trouver de renseignements exacts sur les quantités d'eau qui sont données aux autres cultures ; on semble les donner sans méthode et sans s'en rendre un compte sérieux. Les parts d'eau donnent la disposition de toute l'eau de la *seguia* (canal d'irrigation) pendant tant d'heures par semaine ou par mois, et à jour fixe, d'où résulte parfois un fâcheux gaspillage de l'eau : souvent quand le tour d'eau est venu, on amène l'eau dans le champ ou dans le jardin sans s'occuper de l'état d'humidité du sol, on laisse couler jusqu'à ce que le tour passe au voisin et tout est dit : il arrive ainsi à Biskra, par exemple, que les cuvettes qui sont au pied des palmiers restent parfois pendant l'hiver remplies d'eau pendant des mois entiers ; cette eau qui croupit au pied de l'arbre lui est très préjudiciable, elle empêche toute aération d'un sol déjà trop compact, et entretient sous l'arbre une humidité constante, qui a pour résultat la qualité inférieure des fruits. A Chetma, où l'eau est abondante, on arrose successivement chaque moitié de l'oasis pendant la moitié de la semaine ; les rues sont transformées en canaux, ce qui donne un aspect particulier à cette oasis.

D'ordinaire les irrigations se font par submersion : on dispose le terrain en planches au moyen de petites levées de terre que l'Arabe fait avec une sorte de houe à main appelée *messa*, et qui sont sensiblement normales à la direction de la *seguia ;* mais tout cela est fait grossièrement, il arrive souvent que des ravinements se produisent et que terre et semences sont entraînées dans les angles du champ.

Au Souf, il n'y a pas d'irrigation proprement dite ; les plantes sont à très peu de distance de la nappe superficielle où leurs racines puisent librement l'eau nécessaire. Cette façon de procéder semble donner d'excellents résultats, ce qui peut s'expliquer facilement : d'abord la plante est alimentée en eau d'une manière très régulière, et n'a pas à souffrir des alternatives de sécheresse et d'humidité ; en outre, la présence de ses racines dans le voisinage de la nappe d'eau la protège, grâce à la faible conductibilité de l'eau, contre les variations de température ; enfin ici, où l'on fume souvent le sol, l'eau traverse, avant de pénétrer dans les racines, la couche d'engrais, et se charge ainsi de principes fertilisants qu'elle porte à la plante. Je ne suis pas du tout d'avis de creuser des puits et de substituer l'irrigation par submersion à ce procédé qu'on pourrait appeler de l'irrigation par infiltration ascendante ; je ne vois pas de raisons sérieuses pour expliquer cette substitution que j'ai déjà entendu réclamer.

Il ne m'est pas possible d'entrer ici dans les discussions ordinaires relatives aux quantités d'eau à employer et à la répartition rationnelle des eaux d'irrigation ; je ne puis aujourd'hui qu'indiquer quelques considérations dont il peut être bon de tenir compte : on a vu, à propos de l'évaporation dans les terrains arides, qu'il était préférable de donner à ces terrains des irrigations fréquentes mais peu abondantes. Dans les terres compactes, il faut également arroser fréquemment et à doses faibles, pour éviter d'augmenter, par la stagnation, l'imperméabilité du sol, et aussi pour empêcher le dessèchement qui serait accompagné de la prise de la surface en une croûte dure et cassante. Enfin, il y a à tenir un grand compte de la température des eaux d'irrigation ; elle a une grande influence sur la maturation des fruits. A Chetma, par exemple, où l'eau est utilisée presque à sa source, — 35° — les palmiers mûrissent leurs fruits avant tous les autres.

Dans le cas particulier des cultures de céréales, il ne faut pas oublier que le peu de durée de la végétation permet, avec un même débit, de cultiver des étendues plus considérables que dans le midi de la France et même que dans les hauts plateaux algériens. L'orge, en année normale, semble avoir ici une durée moyenne de végétation de 90 à 110 jours ; le blé, 120 jours à peu près ; le blé *fortass* (sans barbe) n'a pas plus de 45 jours de végétation. Quand j'ai quitté Biskra, à la fin d'avril, les orges étaient récoltées ; en arrivant dans les hauts plateaux, je les ai trouvées, non seulement pas encore épiées, mais n'atteignant pas plus de $0^m,25$ à $0^m,30$. Il serait bon de sélectionner les variétés de céréales les moins exigeantes en eau, ce qui permettrait d'augmenter l'étendue des cultures.

Quant aux fourrages, il y a surtout intérêt ici à cultiver les espèces adaptées au climat qui, par leur adaptation même, sont peu exigeantes en eau. J'ai montré ailleurs[1] tout le parti qu'il y a à tirer de l'exploitation des salsolacées, en particulier de celles du genre *Atriplex* ; les fourrages ordinaires des pays tempérés vien-

---

1. Sur l'utilisation des salsolacées comme fourrages dans les terrains salés du Sud algérien.

nent bien ici, mais ils réclament de très grandes quantités d'eau qu'il est difficile de leur donner.

Étude particulière des cultures.

Céréales. — Les cultures de céréales sont surtout nombreuses dans la plaine d'El Outaïa, dans le Zab Chergui, dans les alluvions anciennes de Biskra, Sidi Okba, Zeribet, et dans les alluvions récentes de Chegga, El Feydh, Khanga ; on en trouve encore dans les Ziban ; quant à l'Oued Rirh et au Souf, leur place est excessivement restreinte et insignifiante.

Les céréales cultivées ici pour leurs graines se réduisent au blé et à l'orge ; encore, l'orge est-elle souvent cultivée comme fourrage vert sous le nom de *djedria.*

La préparation des terres, on l'a vu, est très rudimentaire ; la seule façon consiste dans le labour destiné à enfouir la semence. L'opération se fait, quelle que soit l'étendue du champ à ensemencer, par parcelles toutes petites, ce qui la rend beaucoup plus longue ; on sème après les premières pluies, où si elles tardent, après une irrigation qui détrempe le sol ; un indigène répand de la semence à la volée sur une partie du champ ; derrière lui, un autre donne un labour superficiel. Mais jamais le laboureur ne va d'un seul trait de charrue jusqu'au bout du champ, il s'y reprend trois ou quatre fois pour peu qu'il y ait à parcourir une cinquantaine de mètres, et tout cela, ensemencement et labour, est fait très irrégulièrement ; s'il se trouve dans le champ une pierre ou une broussaille, le laboureur détourne sa charrue. Après les semailles, les indigènes disposent le champ pour l'irrigation en faisant avec leur *messa,* espèce de houe à main, de petits ados dont la direction est sensiblement parallèle aux lignes de pente du terrain.

Les semailles se font en décembre et janvier pour l'orge, et en février et mars pour le blé. Il y a avance ou retard suivant que les pluies sont venues de bonne heure ou tardivement ; souvent, quand la saison est pluvieuse, les semailles se prolongent jusqu'en mars ; alors on utilise toutes les semences que l'on a en réserve pour profiter de l'excès d'humidité, certaines variétés à croissance rapide pouvant arriver à maturité après un seul arrosage, s'il pleut un peu au début de leur végétation.

Inutile de dire qu'on ne fume pas les cultures de céréales ; on se contente de laisser la terre se reposer plus ou moins longtemps en jachère nue, ce qui, dans les sols arides, permet l'accumulation à la surface des éléments salins.

L'époque de la récolte varie pour l'orge de la mi-mars à la fin d'avril ; généralement, en année normale, elle est terminée vers le 10 avril, ce qui est un grand avantage pour ces pays, la récolte ne commençant jamais avant mai sur les hauts plateaux, cela permet de vendre à des prix avantageux. La récolte du blé se fait à la mi-juin et jusqu'en juillet.

Les rendements doivent être assez élevés ; il m'a été impossible de m'en rendre un compte exact par suite du manque d'uniformité des mesures (charge de chameau, de mulet..., parts d'eau, variables suivant les exploitations...) et du défaut de rigueur des observations. Mais certaines remarques permettent de croire à des rendements élevés, par exemple la grande densité des épis — pour l'orge comme pour le blé la dose de semences à l'hectare ne semble pas dépasser 2 hectolitres. Le tallage est très considérable ici ; j'ai observé personnellement, dans des champs d'orge pris au hasard, un grand nombre de talles comptant de 90 à 120, 150 épis arrivant tous à maturité, et j'ai vu deux pieds d'orge provenant d'une propriété de la Compagnie de l'Oued Rirh à Chegga et comptant l'un 350, l'autre 364 épis ! Ces chiffres montrent quels rendements on pourrait obtenir avec une culture plus attentive et plus raisonnée.

La récolte se fait avec une sorte de faucille ; on ne coupe que les épis ; le moissonneur prend à la main une poignée d'épis et les coupe à une distance de 15 à 20 centimètres du sommet ; d'un mouvement rapide, il lie cette sorte de bouquet avec un brin de paille, les jette en tas ; ces tas d'épis sont transportés sur l'aire où l'on fait le dépiquage. Le nettoyage des grains est d'ordinaire assez mal fait ; ceux-ci renferment toujours une certaine quantité de terre et de cailloux ; souvent, pour les nettoyer, les Arabes les mettent dans des *couffins* qu'ils plongent dans les eaux courantes, les grains sont ensuite mis sécher au soleil, et les femmes et les enfants en enlèvent patiemment les pierres et autres grosses impuretés.

Les grains sont conservés très facilement ici dans des silos creusés dans le sol, et dont l'emplacement est très soigneusement dissimulé ; le grain est recouvert d'une couche de terre d'au moins 30 centimètres d'épaisseur, ce qui permet de cultiver à la surface ; les silos ont la forme d'une grosse bouteille à large goulot ; ils peuvent contenir jusqu'à 80 hectolitres, les dimensions de la section verticale sont les suivantes : hauteur 2 à 3 mètres, largeur à la base 1^m,50 à 2^m,50, largeur au sommet 1 mètre à 1^m,50. L'administration veille à ce que les silos soient remplis après la récolte, afin de prévenir les famines qui pourraient avoir lieu par suite de l'imprévoyance des indigènes ; le surplus est vendu aux nomades du sud, rarement aux marchands du littoral. Les nomades viennent chercher l'orge ou le blé soit au marché, soit chez le cultivateur lui-même ; ils paient comptant, et souvent des prix élevés.

Toutes les variétés de blé cultivées, sauf une, sont des blés durs ; j'ai déjà dit la rapidité de végétation du blé *fortass* (chauve), qui est un blé tendre. Les principales variétés de blés durs, dont il m'a d'ailleurs été impossible de déterminer les caractères distinctifs d'une façon satisfaisante, sont les suivantes : le *machaoui* des hauts plateaux, le *chetla* qui est assez estimé, le *dil bral,* à barbes très longues comme l'indique son nom (queue de mulet).

Quant à l'orge, une des principales variétés, la plus cultivée je crois, est une orge à 6 rangs qui porte le nom de *baldi ;* on trouve dans le sud tunisien une orge nue que je n'ai pas rencontrée ici.

Le prix de l'orge est en moyenne de 9 à 12 fr. le quintal ; il dépasse rarement 15 fr., mais tombe à 8 fr. et parfois au-dessous lors de la récolte. Le prix du blé est souvent très élevé ici, par suite de l'insuffisance notable de la production et des besoins considérables des populations du sud ; son prix moyen oscille autour de 20 fr. le quintal, mais dépasse de beaucoup ce chiffre l'hiver ; au mois de mars dernier, il a atteint 38 fr. sur le marché de Biskra.

On fait ici beaucoup moins de blé que d'orge ; celle-ci, mûrissant plus d'un mois avant le blé, exige ainsi beaucoup moins d'eau et elle est récoltée quand les palmiers commencent à devenir plus exigeants en eau. Les cultures d'orge sont ensuite considérablement augmentées par suite de ce fait que les orges, étant d'ordinaire récoltées trop mûres, une partie des grains, souvent notable chez les dernières récoltées, tombe sur le sol qui se trouve ainsi ensemencé de nouveau ; on obtient alors, sans aucune façon culturale et grâce seulement à une ou deux irrigations, une seconde récolte parfois très belle ; ce *khalfa* est très apprécié, parce que son produit est obtenu sans dépense et sans travail. Il serait curieux de faire des recherches comparatives pour déterminer la proportion de grains perdus par cette récolte tardive et le produit qui en résulte l'année suivante.

Après cet exposé de la situation actuelle, signalons rapidement les améliorations à apporter aux cultures de céréales : les principales sont celles déjà indiquées, relatives aux façons culturales et au règlement des irrigations; en outre , il y aura à faire des sélections attentives de variétés précoces, à végétation rapide, où l'on cherchera à augmenter les rendements. Je dois dire que les indigènes changent très souvent leurs races de céréales en allant acheter des semences dans les hauts plateaux ; cette pratique ne semble pas faite pour obtenir des races résistantes et bien acclimatées; de plus, il faut ici, comme chez nous, apporter ses soins à n'employer que des semences bien pures et de la dernière récolte. Le nettoyage des grains doit être beaucoup plus soigné, leurs nombreuses impuretés les dépréciant énormément ; quant aux perfectionnements à apporter dans la récolte elle-même et dans le battage, j'y reviendrai plus loin, en parlant des conditions de réussite des exploitations européennes dans ces régions.

Cultures fourragères. — On ne cultive ici de fourrages que pour leur consommation à l'état vert, le fanage donnant de très mauvais résultats, et l'ensilage, qui me semble devoir très bien réussir, n'ayant pas encore été essayé.

Dans la région même de Biskra, on ne cultive guère que de l'orge en vert et un peu de mélilot que l'on fait consommer mélangés, au printemps, quand le mélilot commence à fleurir.

Dans l'Oued Rirh, les cultures de luzerne sont fréquentes; elles sont d'un très bon rapport; la première et la seconde année donnent jusqu'à 8 coupes par an et plus ; mais dès la troisième année, elles sont étouffées par le chiendent, dont les eaux d'irrigation favorisent le développement.

A côté de ces fourrages, qui sont d'ailleurs très peu répandus et sont à peu près les seuls cultivés en hiver, il faut citer quelques graminées qui sont obtenues en cultures d'été : le maïs, les sorghos, le millet; mais ils sont également peu répandus. Le maïs est cultivé dans l'Oued Rirh, le long des ruisseaux d'irrigation, et il vient très bien. Mais le maïs, pas plus que le sorgho, tout en réussissant cependant à merveille, ne sont cultivés en proportion des services qu'ils pourraient rendre, et, si réellement le fanage n'est pas pratique ici, si la substitution des moyettes aux andains ne peut non plus permettre d'obtenir de bons foins secs, il faut se tourner vers l'ensilage qui, je l'espère, permettra d'alimenter les animaux durant la saison sèche et l'hiver. Je crois que c'est là qu'il faut chercher la principale ressource pour l'exploitation des animaux et, on le verra plus loin, il y a beaucoup à tirer ici de cette branche de l'industrie agricole. Les fourrages d'été, maïs, sorgho, millet, se prêteraient très bien à l'ensilage, ainsi que quelques autres qu'on pourrait également cultiver ici; le *draa* (*Penicillaria spicata*) réussit très bien dans les terrains salés ; mon camarade, M. Barrion, qui l'a remarqué dans l'île de Djerba, le cultive avec beaucoup de succès à Utique (Tunis) où, en automne, il obtient à peu près une coupe par mois ; c'est une sorte de sorgho, qui atteint une taille très élevée et qui est souvent cultivé pour son grain.

On pourrait en même temps ensiler certaines chénopodées, en particulier du genre *Atriplex,* soit qu'on multiplie celles qui sont spontanées ici, comme l'*A. halimus,* ou qu'on y introduise un certain nombre de salt-bushes d'Australie ; j'ai traité à part cette question de la valeur fourragère des salsolacées, je n'y reviendrai pas.

En outre, il faudrait voir comment réussiraient ici les cultures de légumineuses ; certaines espèces de cette famille sont très répandues : *Melilotus, Medicago ciliaris, Vicia, Astragalus, Hedysarum,* et il y aurait un grand parti à tirer de leur multiplication. Je ne recommande pas celle de *Medicago ciliaris,* cette luzerne ayant le défaut d'avoir des gousses épineuses qui, s'attachant aux toisons des moutons, les abîment et les déprécient fort. Le mélilot ne semble pas non plus très recommandable ; on sait que sa consommation en grandes quantités peut être dangereuse pour les animaux. J'ai trouvé, dans l'oasis des Beni-Mora, une vesce voisine du *Vicia cracca* qui atteint des dimensions considérables ; enfin on rencontre de nombreux exemples du genre *Astragalus* dans les endroits arides, et, dans les lieux plus humides, un *Hedysarum* analogue au *Sulla, Hedysarum carnosum,* qui pourra être également propagé en même temps que le *Sulla* lui-même.

On pourrait aussi, avec une irrigation suffisante, tirer un certain profit des graminées fourragères communes ; elles végètent toutes actuellement dans le sous-bois des oasis où elles atteignent des dimensions peu communes. On y trouve les meilleures espèces : *Poa, Lolium, Holcus, Panicum, Bromus, Avena, Dactylis, Sorghum, Festuca,* qui, à la faveur de l'humidité, y prennent un développement inconnu dans nos climats.

A essayer également certaines légumineuses cultivées dans les jardins pour l'alimentation de l'homme, comme les fèves, qui donnent des rendements extraordinaires, des *lablab* et certaines doliques. Enfin, les racines pourraient aussi être utilisées le jour où on ferait sérieusement l'exploitation du bétail ; les navets et les carottes viennent bien et peut-être la betterave réussirait-elle.

Je n'ai pu étudier à fond l'hiver dernier cette question de la culture fourragère, un peu moins pressante que les autres en raison de l'état trop rudimentaire, à l'heure actuelle, de l'industrie animale dans ces régions ; mais j'ai voulu montrer que tous les éléments existent pour assurer aux animaux une alimentation abondante et suffisamment riche ; que les meilleurs fourrages des climats tempérés peuvent réussir ici, si l'on dispose d'eau en quantités suffisantes, et, qu'à leur défaut, la multiplication d'un certain nombre d'espèces adaptées au climat pourrait fournir, avec des quantités d'eau très restreintes, des ressources suffisantes pour la nourriture des animaux. J'espère qu'à bref délai on essayera, dans la région de Biskra, la conservation des fourrages par l'ensilage ; tout porte à espérer que cet essai réussira et que ces pays disposeront ainsi d'un moyen commode et certain d'assurer l'alimentation des animaux en fourrages verts.

La question de la production fourragère est donc facilement soluble, il en est de même de celle des approvisionnements de foins que l'insuccès du fanage rendait plus complexe.

Cultures arbustives. — Les cultures arbustives jouent un rôle des plus importants dans l'agriculture de la région des oasis dont elles constituent les ressources fondamentales, tant par leurs productions directes, que par les cultures qu'elles permettent sous leur ombre et les abris qu'elles offrent à l'homme qui peut ainsi supporter plus facilement des températures excessives ; leur rôle social et économique sera exposé plus loin, il faut d'abord exposer leurs conditions de réussite et rechercher si leur exploitation est susceptible d'amélioration.

Après le *dattier,* — qui les domine tous par l'importance de ses produits comme par son développement physique et qui leur permet d'affronter les ardeurs d'un soleil brûlant, — viennent par ordre d'importance décroissante : l'*olivier* qui, lui, peut se passer de l'abri du palmier, et qui a fait, sous la domination romaine, la richesse de la plaine d'El-Outaïa et de la région de Biskra, comme du Sud tunisien de Sousse à Tozeur ; l'*oranger,* le *citronnier* et autres aurantiacées qui, très peu cultivés ici jusqu'à présent, y semblent beaucoup mieux à leur place que sur le littoral et y donnent des rendements extraordinaires ; le *figuier* qui, beaucoup moins répandu qu'en Kabylie, y réussit aussi bien ; le *pêcher* et l'*abricotier,* très productifs et dont les fruits donnent lieu à un commerce très notable ; la *vigne* qui végète bien dans les oasis de montagne et les Ziban ; le *grenadier,* très précieux pour la consommation locale ; le *caroubier* qui, comme l'olivier, supporte très bien les insolations les plus fortes et peut constituer une grande ressource pour l'alimentation des indigènes et bien plus encore pour celle des animaux ; l'*amandier* qui n'est pas assez cultivé ; le *cognassier*, le *jujubier*, voire même le *pommier* et le *poirier*, qui donnent des fruits de qualité inférieure, durs et pierreux, et sont plus remarquables par l'immense bouquet de leurs fleurs, à la fin de mars, que par leurs fruits.

Tels sont rapidement énumérés les principaux arbres fruitiers du pays d'es oasis ; ils sont nombreux et donnent lieu à une exploitation très importante.

Il ne faut pas oublier les arbres à bois qu'il y aurait grand profit à multiplier ici, où le charbon coûte des prix inabordables et où l'on doit faire venir à grand frais le bois de Batna ; un grand nombre de Mimosées végètent très bien dans la région de Biskra : *Acacia nilotica, arabica, Farnesiana, lophanta, tortilis* ; *Jacaranda, Gleditschia*, etc. ; des Urticacées : *Morus, Maclura, Ficus Sycomorus, F. nitida, F. populifolia* ; *Casuarina* ; *Schinus*.

En outre, un certain nombre d'arbres à feuilles caduques des pays tempérés prospèrent également ici : saules, peupliers, frênes, mais dans des circonstances spéciales. Dans les oasis de montagne, on rencontre un certain nombre de Conifères des genres *Thuya, Cupressus, Callitris*, et, dans les sables, végète une Gnétacée, l'*Ephedra alata*, à port buissonnant, qui végète très convenablement dans cette station aride.

Il faut aussi signaler le bétoum fréquent dans les ouad du sud, c'est le *Pistaccia atlantica*, qui y atteint un développement considérable ; le laurier-rose également dans les lits de rivière et les *Tamarix* : T. *gallica*, T. *africana*, T. *articulata*, qui s'accommodent très bien des conditions extrêmes du climat, végètent bien dans les sables, mais dont le bois est très mauvais pour faire la cuisine. On voit qu'il n'est pas impossible ici de faire végéter un certain nombre d'arbres et de grands arbustes, et cela un peu dans tous les terrains, depuis les plus compacts où, avec un peu d'humidité, saules et peupliers poussent bien, jusqu'aux sables purs où l'*Acacia tortilis*, l'*Ephedra alata*, les *Tamarix* savent s'accommoder de la stérilité du sol. Je n'ai donné ici qu'un certain nombre des principaux arbres qui végètent dans les oasis, je pourrais en citer bien d'autres ; je pourrais aussi en indiquer un nombre considérable dont l'introduction aurait beaucoup de chances de réussir, surtout des *Ficus* et des Mimosées, l'*Acacia Lebbeck* d'Égypte, et avec lui un grand nombre d'acacias australiens, mais ce n'est pas le lieu de traiter cette question.

Je vais passer en revue brièvement la culture des principaux arbres fruitiers que je viens d'énumérer.

Dattier. — Le cadre de ce travail ne me permettra pas de m'étendre autant qu'il serait nécessaire sur la culture de cet arbre, qui tient la première place dans les conditions d'existence et de prospérité des oasis ; j'espère pouvoir en donner bientôt une monographie complète et je me contenterai aujourd'hui de quelques indications générales, sans parler des caractères botaniques de l'arbre ni des phénomènes physiologiques qui lui sont spéciaux.

La culture du dattier réclame relativement peu de soins, mais ces soins doivent être délicats et assidus. Après la récolte, le *khammès* (fermier) coupe les feuilles flétries et fait la toilette du stipe qu'il débarrasse jusqu'à une certaine hauteur des restes de pétioles des précédentes années et du liber (*liff*) qu'il utilise pour faire des cordes. Pendant la mauvaise saison, il donne parfois un binage au pied de l'arbre, et, dans les jardins où l'irrigation se fait dans des cuvettes situées au pied de l'arbre, il cure ces cuvettes, en bine le fond et, quand il le peut, y dépose une couche de fumier : là se bornent les soins culturaux proprement dits.

Au mois de mars, quand les régimes mâles s'entr'ouvrent, on les coupe et, au fur et à mesure de l'ouverture des régimes femelles, on opère la fécondation. Pour cela l'indigène monte sur l'arbre avec une petite branche de fleurs mâles qu'il enferme dans le régime femelle, le liant avec un fil arraché au spathe ; la fécondation opérée, le développement du régime femelle brise le lien et peut se continuer librement. La fécondation exige un travail assez fatigant ; les régimes ne s'ouvrant pas simultanément, il faut monter un grand nombre de fois, jusqu'à 15 et plus, sur chaque arbre. La fécondation réussit d'ordinaire très bien, un coup de vent violent ou plusieurs jours de pluie peuvent seuls la compromettre et encore dans ces circonstances peut-on souvent réparer le mal en recommençant l'opération. Rien autre chose à faire que d'arroser jusqu'à la récolte, et encore au Souf, à Ouargla l'arrosage est-il superflu ; nulle part il n'est fatigant, les eaux coulant d'elles-mêmes à la surface, ce n'est pas comme au M'Zab et aux Oulad Djellal où il faut la puiser soit avec des puits à bascule, soit avec des norias.

La récolte est très simple : on récolte à la fois tout un jardin ; l'Arabe monte sur l'arbre et coupe avec sa faucille le régime qu'il laisse tomber sur le sol, si ce sont des dattes sèches et communes, et qu'il descend avec une corde dans le cas de dattes molles et de dattes marchandes. On partage ensuite la récolte dans chaque jardin en cinq tas égaux dont l'un constitue la rétribution du fermier.

Les dattes ne subissent, contrairement à ce qu'on croit encore souvent en France, aucune préparation avant d'être livrées au commerce ; les belles dattes de l'Oued Rirh, très recherchées à Paris, ne sont nullement confites, malgré qu'elles en aient l'apparence ; elles sont ainsi qu'on les cueille. Seules, les dattes *Ghars* subissent souvent une préparation ; mais loin d'avoir pour but de les confire, elle est destinée à leur enlever leur excès de sucre qui constitue ce que l'on appelle le miel de dattes. La richesse en sucre de ces dattes est telle que leur pulpe, débarrassée de cet excès, dose encore 63,5 p. 100 de glucose à la liqueur de Fehling. Les dattes centralisées à Tuggurth et El-Oued sont amenées à dos de chameau à Biskra qui en est le marché le plus important ; une partie remonte directement d'El-Oued vers Khenchela, Tébessa dans les Hauts-Plateaux. Les dattes de luxe de la variété des Deglet-Nour sont presque exclusivement consommées par les Européens, c'est à peu près la seule variété que l'on exporte en France ; les plus belles y sont envoyées en colis postaux. Quant aux autres dattes, elles sont consommées sur place et jouent un très grand rôle dans l'alimentation des indigènes.

Les variétés de dattes sont très nombreuses, le dattier étant dioïque, à chaque jeune plant venu de semis correspond une variété nouvelle ; aussi le semis n'est-il pas employé comme mode de multiplication. On ne distingue en général qu'un certain nombre de bonnes variétés, toutes les autres sont réunies sous la dénomination commune de *deguel* qui désigne le dattier sauvage.

Je donne ici trois classifications des espèces les plus cultivées : 1° suivant la nature du fruit ; 2° suivant la précocité ; et enfin 3° suivant la durée de conservation.

1° Suivant la nature du fruit :

Dattes molles : Deglet-Nour. Ghars. Amria. Kesba.
Dattes sèches : M'Kentichi. M'Kentichi degla. Degla beïda. Horra. Haloua.

Les dates de choix sont, après les *Deglet-Nour* qui sont des fruits de luxe : les *M'Kentichi, Horra, Haloua.*

2° Suivant l'époque de maturité :

Dattes précoces (maturité en août-septembre) : Ghars. Arechti. Amari. Aïn el fas. Koul ou Scout. Deglet djedi. Itima. Sefraïa. Deguel noires.
Dattes de précocité moyenne : Degla beïda. M'Kentichi.
Dattes tardives (maturité en novembre-décembre) : Ghetoufat. Degmassi. Guendi. M'Kentichi degla. Deglet debbab. Sekria.

3° Suivant la durée de la conservation :

Dattes de bonne conservation (plus de 6 mois) : Ghars (5 ans et plus). Deglet-Nour (1 an au maxima). Kesba. Razi. Rhadraïa. M'kentichi. M'Kentichi degla (1 an et plus).

Dattes de moyenne conservation (moins de 6 mois) : Amria (6 mois). Haloua (6 mois). Degla beïda (6 mois). Kerch hamar (2 à 3 mois). Arechti (2 mois).

Dattes ne se conservant pas : Rhodri. Amari. Aïn el fas (se mange sur l'arbre).

Enfin, il serait peut-être possible de faire une classification sur une base plus scientifique d'après la forme du noyau et surtout d'après la situation de l'embryon sur le noyau. L'examen des variétés les plus connues m'a fourni les conclusions suivantes, que je ne donne pas comme définitives, voulant auparavant reprendre mes observations sur un plus grand nombre d'espèces :

Dans les variétés de choix le noyau est très réduit (*Deglet-Nour, M'Kentichi*), tandis que dans les variétés communes il est souvent volumineux (*Ghars*).

L'embryon se trouve dans les variétés molles au tiers inférieur du noyau (*Deglet-Nour, Ghars*).

Dans les *Degla beïda*, qu'on pourrait regarder comme une variété demi-sèche, l'embryon est sensiblement au centre ; de même dans les *Haloua*.

Dans les variétés sèches, l'embryon se trouve au tiers supérieur du noyau (*M'Kentichi. M'Kentichi degla*). On pourrait ajouter encore comme caractères distinctifs, avec la forme même du noyau, le degré d'adhérence de la pellicule qui l'enveloppe.

Quant aux caractères distinctifs des arbres suivant les variétés, je ne peux les indiquer ici en détail et je dois me borner à quelques indications générales. Les variétés sèches sont à port plus rigide, à aspect plus vigoureux que les variétés molles, celles-ci étant à port retombant, à folioles plus fines. Quand les régimes sont sortis, la disposition du spadice est une donnée précieuse ; très fort, très foncé dans les variétés communes, il est plus fin et moins dressé dans les variétés de choix ; très court également et très droit dans les premières variétés, il devient très mince, flexible, long et pendant dans les Deglet-Nour. On trouve ici une raison expliquant la qualité supérieure des Deglet-Nour dans les sables du Souf et d'Ouargla, à celle que ces dattes ont dans les terrains compacts, la longueur du spadice et son inclinaison vers le sol donnant à son échauffement une grande influence sur la qualité des fruits qui, à Biskra par exemple, souffrent beaucoup de l'humidité constamment entretenue au pied de chaque arbre.

Les espèces molles sont généralement assez délicates, et souvent d'autant plus qu'elles sont plus appréciées ; les Deglet-Nour, Horra, Haloua, sont les plus délicates, tandis que les M'Kentichi, les Ghars (molles mais très communes) sont très rustiques.

La multiplication du dattier ne pouvant se faire par semis, on a recours à la plantation des drageons qui poussent en grand nombre au pied de chaque palmier. Les drageons sont détachés à 5 ans en général ; on les plante en mars dans la région de Biskra, en juillet et août dans l'Oued Rirh, et généralement quand on dispose l'été d'assez d'eau pour arroser fréquemment. Les drageons sont enterrés peu profondément dans des trous très étroits ; on coupe la moitié supérieure des feuilles pour réduire la transpiration et on enveloppe toute la partie foliacée de feuilles mortes réunies par du liber ; la reprise est assurée au bout de 7 à 9 mois, elle est de 85 à 90 p. 100 dans le sous-bois des oasis et de 70 à 75 p. 100 au dehors de tout abri. Un drageon de 7 ans commence à rapporter 5 ans après la reprise, sa production augmente constamment jusqu'à 25 ans ; on estime que l'arbre doit atteindre 3 mètres sous la cime pour donner une production normale et des fruits de belle qualité.

Les jeunes arbres donnent des fruits plus petits, moins savoureux et de moins bonne conservation que les arbres adultes ; l'état normal est atteint entre 25 et 30 ans ; l'arbre s'y maintient au moins jusqu'à 70 ans.

Il y a peu d'améliorations à apporter à la plantation des drageons ; on peut demander des trous plus larges et mieux défoncés ; leur profondeur ne doit pas être augmentée, car il faut que le bourgeon terminal soit au-dessus de l'eau lors des arrosages. Pour avoir de plus beaux drageons et en même temps fatiguer moins les pieds mères, il y aurait intérêt à ne garder au pied de chaque arbre que 3 drageons, 4 au plus, alors qu'il y en a jusqu'à 10, 12 et davantage, formant de véritables broussailles qui épuisent le pied mère. Le nombre des drageons étant de beaucoup supérieur aux besoins et en même temps la proportion des reprises étant très considérable, je ne crois pas qu'il puisse y avoir avantage à planter d'abord les drageons en pépinière, comme le demande M. Dybowski. Outre que cette plantation en pépinière augmenterait la main-d'œuvre, ce qu'il faut éviter à tout prix dans le pays, on ne peut pas espérer qu'elle augmenterait la proportion des reprises lors de la mise en place définitive ; au contraire, étant donné l'âge plus avancé de l'arbre, la reprise serait peut-être plus aléatoire. Enfin, la mise à fruits n'en serait probablement pas avancée, le jeune plant ayant à passer deux fois par les périodes critiques de transplantation.

Il ne peut être question de pépinières que dans un but scientifique d'études et surtout pour rechercher par le semis des variétés nouvelles, ce qui demande un travail continu en même temps qu'un temps considérable et ne peut être entrepris que par une station d'essais ; on ne peut demander aux colons de se livrer à de telles recherches. Cette station d'essais pourrait rendre de grands services en étudiant l'amélioration de la culture du palmier, en recherchant l'influence des engrais sur la quantité et la qualité des fruits, sur leur conservation ; la rapidité de la mise à fruit et la précocité de la maturation ; l'influence de la nature des eaux d'irrigation et surtout de leur température qui paraît jouer un grand rôle sur l'époque de la maturité.

Je pense aussi qu'il y aurait possibilité de régler la mise à fruit et de modifier heureusement la qualité des dattes au moyen d'une sorte de taille qui pourrait être basée sur les pratiques suivantes : couper, sur les arbres vigoureux, un nombre plus ou moins considérable de feuilles encore vertes, afin de diminuer la vigueur de l'arbre et d'augmenter la production des fruits ; ne jamais couper, au contraire, de feuilles qui ne soient complètement flétries sur les arbres à végétation un peu languissante.

Quelques observations sur la façon dont sont disposés les fruits sur l'arbre et dans les régimes pourront permettre d'améliorer la qualité des dattes. On ne pourra évidemment opérer que sur des variétés de choix ; les Deglet-Nour, chez lesquelles la beauté du fruit est surtout appréciée, seules pourraient actuellement rémunérer suffisamment cette pratique. La disposition des régimes sur le palmier et celle des fruits sur les régimes rappellent de très près la disposition des grains dans les épis de céréales ; les feuilles du dattier vivent au moins 2 ans ; — en comptant qu'il pousse de 14 à 18 feuilles par an, et sachant qu'un palmier adulte porte un nombre de feuilles variant de 55 à 70, on voit que les feuilles vivent près de 3 ans ; — les plus beaux régimes sont ceux qui sont situés à l'aisselle des feuilles de 1 an et de 2 ans ; ceux qui sont à l'aisselle des feuilles les plus anciennes sont moins bien fournis et leurs fruits de moins bonne qualité. Quant à ceux qui sortent à l'aisselle des feuilles de l'année, ils ne portent que peu de fruits, lesquels grossissent peu et constituent presque toujours des déchets. Il serait facile de profiter de ces observations pour obtenir, grâce à la suppression judicieuse d'un certain nombre de régimes de la base et du sommet, des fruits de qualité tout à fait remarquable. Il est bien entendu que l'on ne pourrait pratiquer cette taille que sur les Deglet-Nour et sur de très petites quantités, étant donnés les soins qu'exigerait cette opération et la dépense considérable de main-d'œuvre intelligente qu'elle nécessiterait.

Comme je l'ai dit, on trouve le dattier dans toutes les oasis, depuis les premières que l'on rencontre sur le versant méridional de l'Aurès, et même à Hamman, à 1,500 mètres d'altitude sur le Djebel Amarkhaddou ; mais l'importance de cet arbre n'est pas la même partout : la qualité de ses fruits est généralement médiocre dans les oasis de montagne, où les rendements sont d'ailleurs peu élevés. Également, dans les oasis de plaine comme Biskra, Sidi-Okba, les dattes ne sont pas encore de bien grande valeur ; cela tient surtout, non pas tant, comme on pourrait le croire, à un manque de chaleur et d'éclairement, qu'à la nature trop compacte du sol et à la défectuosité du mode d'irrigation. J'ai dit combien sont compacts les terrains de Biskra ; au lieu de combattre cette compacité, les indigènes l'augmentent encore en faisant séjourner l'eau sans interruption, dans des cuvettes creusées au pied des arbres, parfois pendant des mois entiers : d'où manque total d'aération des racines absence de nitrification dans le sol, entraînement lent dans le sous-sol des principes fertilisants et surtout impossibilité pour les fruits de profiter de l'échauffement du sol. On l'a vu, les variétés de luxe, les Deglet-Nour par exemple, ont des spathes très longs et fortement inclinés vers le sol ; le mode d'irrigation à Biskra doit donc fatalement entraver la bonne maturation des fruits. Aussi, y a-t-il grand intérêt à modifier ce procédé d'arrosage où à ne cultiver dans ces sols que des variétés communes, à port très droit, qui compenseront la qualité des fruits par la quantité ; et il ne faut pas, en particulier dans la région de Biskra, faire du palmier la base des exploitations : il y rend surtout d'importants services en jouant le rôle d'écran vis-à-vis des orangers et des cultures de légumes, et c'est surtout pour son couvert qu'il faut l'envisager ; bien que son produit soit d'ailleurs loin d'être négligeable, il faut donc se garder de lui donner trop d'importance. — Il n'en sera pas de même à partir de Mraïer dans l'Oued Rirh et au Souf, ni même dans les Ziban, bien qu'ici il ne faille pas encore compter sur une belle production de Deglet-Nour, mais les M'Kentichi, Horra..., y viennent très bien. L'Oued Rirh, jusqu'à Ouargla, et le Souf sont les véritables régions de production des dattes de luxe, et ces pays ne vivent que par le dattier qui, dans ces sols généralement sableux, arrosé avec des eaux très salées, doit être regardé comme une richesse inestimable, tant les autres cultures sont précaires.

Il pourra y avoir intérêt à faire, dans ces contrées, des essais pour déterminer l'action de certains principes fertilisants, l'acide phosphorique en particulier, sur la production des dattes, tant au point de vue de la quantité qu'à celui de la qualité. L'importance économique de la culture du dattier est trop considérable pour qu'on ne cherche pas tous les moyens d'élever les rendements et d'augmenter la qualité des fruits ; on verra plus loin que les débouchés ne peuvent que s'étendre d'année en année.

Je dois, à mon grand regret, me borner à ces quelques observations à propos du dattier ; elles sont tout à fait insuffisantes pour donner une idée de son importance et de l'intérêt qu'il y a à le cultiver avec soin ; je me réserve d'y revenir en détail dans une étude spéciale sur cet arbre précieux.

Olivier. — L'olivier est à peine cultivé dans les oasis du Sud algérien ; on n'y rencontre guère que ceux de Biskra, cinq à six mille oliviers, restes de la forêt qui devait couvrir la région lors de l'occupation romaine. Ce sont les seuls vestiges vivants de l'ancienne prospérité de cette partie de l'Algérie qui fait aujourd'hui partie du Sahara du nord. On en rencontre encore quelques-uns, dans la plaine d'El Outaïa, mais ils sont moins nombreux que les moulins à huile que l'on y trouve à chaque pas, et dont beaucoup sont encore en place. Comme le sud tunisien, tout ce pays était couvert de forêts d'oliviers il y a quinze cents ans, et la judicieuse étude de M. Bourde concluant à leur reconstitution en Tunisie s'applique intégralement à la plaine d'El Outaïa et à la région de Biskra.

L'olive de Biskra est remarquable par sa grosseur et par sa qualité ; sa grosseur lui a valu chez les Arabes son non de *zitouna tfaïa* (olive-pomme) ; elle est une des plus grosses connue, sinon la plus grosse ; les indigènes du village de M'cid en font de l'huile en petite quantité, ils en consomment la plus grande partie en nature et les conservent dans le sel.

C'est plutôt comme un des principaux espoirs de la colonisation que comme ressource actuelle, que j'ai tenu à parler ici de l'olivier. Mais devant les témoignages irrécusables de son importance ancienne dans ces régions, devant la vigueur des oliviers qui ont bravé pendant plus de douze siècles les ardeurs de ce climat extrême et donnent encore aujourd'hui des fruits remarquables, il est permis de fonder de grandes espérances, pour l'avenir de ce pays, sur la diffusion de cet arbre. Il permettra de reconstituer la végétation arbustive, la forêt bienfaisante par son action immédiate sur le sol et par son influence sur le climat local : aussi est-il à souhaiter que le gouvernement général prenne bientôt des mesures pour faciliter la plantation de l'olivier entre El-Kantara et Biskra, comme l'a fait, avec tant d'intelligence et de succès le distingué directeur de l'agriculture en Tunisie, dans la région de Sousse et de Kairouan.

Caroubier. — Parallèlement à l'olivier, auquel il se trouve constamment associé en Tunisie, le caroubier trouve sa place ici. Comme l'olivier, il supporte des variations considérables de température, de longues périodes de sécheresse et résiste aux coups de sirocco les plus violents. Grâce à son feuillage persistant, au nombre restreint des stomates de ses feuilles, lesquelles sont recouvertes d'un enduit cireux qui réduit la transpiration, il supporte aussi bien que le palmier l'insolation la plus intense et réclame beaucoup moins d'eau. Il est très précieux pour la nourriture des animaux, ses gousses ayant une valeur alimentaire considérable; il en produit d'ailleurs de grandes quantités : M. Bourde estime sa production annuelle de 250 à 300 kilogr. par arbre. Leur prix en Tunisie est de 9 à 10 fr. le quintal. Comme l'olivier, le caroubier vit très longtemps; il vient très bien de semis ou de bouture ; on le greffe à 10 ans et il rapporte vers 15 ans ; on obtient par sélection des caroubes ayant des dimensions énormes.

La propagation du caroubier rendra de grands services dans toute la région de Biskra, où sa végétation est aussi belle qu'en Tunisie.

Aurantiacées. — La culture de l'oranger, du citronnier et des autres espèces du genre *Citrus* : mandarinier, cédratier...., doit être fortement recommandée ici ; ces arbres y donnent des résultats remarquables, tant au point de vue de la qualité qu'à celui de la quantité de leurs fruits. J'en ai déjà parlé dans le *Journal d'agriculture pratique*[1], mais ces cultures ont trop d'importance pour les oasis de plaine pour que je n'y revienne pas aujourd'hui. On a beaucoup vanté les orangers de Blida et de Boufarik, ceux de Philippeville sont très réputés ; mais je ne crois pas qu'on trouve nulle part en Algérie des oranges aussi succulentes et aussi belles de forme que la sanguine de Biskra, et je ne crois pas qu'orangers et citronniers soient nulle part aussi productifs. Mais ces oranges et ces citrons sont peu connus, parce qu'ils sont relativement rares ; ces variétés remarquables ont été produites par Béchu, le créateur des jardins de Biskra, et, jusqu'à ces dernières années, le comte

1. Voir *Journ. d'agriculture pratique*, 1894, t. II, n° 30.

Landon seul avait cherché à propager ces précieuses espèces. Maintenant, la propagation semble devoir s'accélérer ; la compagnie de l'Oued Rirh a des orangers et citronniers dans ses jardins de Biskra et elle vient de créer une orangerie dans le parc des Beni Mora.

Je rappelle ici la description de l'orange de Biskra que j'ai donnée dans le *Journal d'agriculture pratique* : « L'orange de Biskra est une « variété sanguine sans pépins, qui arrive à parfaite maturité à la « fin de janvier ; sa forme est sub-sphérique allongée ; son volume « considérable la place parmi les plus grosses oranges ; sa peau, « d'épaisseur moyenne, est peu rugueuse, elle est brillante, et l'on « n'y rencontre jamais ces moisissures qui caractérisent les oranges « de Philippeville et de Blida ; sa couleur est d'un beau jaune d'or « rouge ; elle est d'un parfum exquis ; sa chair rouge-sang foncé est « très succulente et d'une saveur délicieuse. Les arbres sont très « productifs et les fruits très réguliers. » Comme les fruits, les arbres sont sains, on n'y trouve pas de mousses, ni de moisissures comme sur ceux du littoral.

La multiplication a lieu par semis ; on fait des semis d'oranges douces et les jeunes plants peuvent être greffés au bout d'un an ; on greffe en écusson ; le jeune arbre commence à produire dès l'année suivante. Le citronnier se propage de même ; l'un et l'autre ont une végétation extrêmement rapide qui, sous ce climat, ne s'arrête jamais, se ralentissant à peine à l'automne; ils ne sont pas conduits comme sur le littoral à tronc haut, mais au contraire assez près de terre, formant des sortes de corbeilles ; on évite ainsi un échauffement du sol trop intense dont les arbres seraient les premiers à souffrir. L'oranger comme le citronnier est loin d'exiger autant d'eau que le palmier, si bien que ceux qui sont plantés sur le bord des ruisseaux d'irrigation souffrent considérablement de cette surabondance d'humidité ; aussi ne faut-il les arroser qu'avec modération. Ils réclament peu de soin culturaux, un binage de temps à autre, une taille d'éclaircissement tous les ans ou tous les deux ans seulement, et, sous l'abri des dattiers, ils prospèrent à merveille. J'ai vu des citronniers produire plus de mille citrons qui se sont vendus en moyenne 8 fr. le cent ; les oranges se vendent aux environs de 10 fr. Les citronniers sont ici d'aussi bon rapport que les orangers et doivent être cultivés parallèlement ; à côté on cultive aussi, mais accessoirement, le mandarinier et le cédratier. Le mandarinier est assez cultivé dans les oasis de montagne avec le citronnier et une variété d'orange commune qui n'a rien de celle obtenue par Béchu.

Je pense que c'est dans l'exploitation très régulière des Aurantiacées et de quelques autres arbres fruitiers, en même temps que dans la culture maraîchère, qu'il faut chercher l'avenir de l'agriculture dans la grande oasis de Biskra et dans celles qui l'environnent. On l'a vu, les dattiers n'y donnent que des fruits médiocres en raison de la nature du sol ; il faut profiter du couvert qu'ils donnent pour créer de nombreuses orangeries destinées à produire en grand le fruit si remarquable que j'ai décrit, et qui se créera une réputation aux Halles, le jour où on pourra l'y amener ; il doit y avoir dans l'exploitation de cette variété d'oranges une source de profits considérables et elle est d'autant plus à recommander que la production suit de très près la plantation et que cette culture réclame en somme très peu de soins : elle doit donner, à peu de frais et très rapidement, de très beaux profits et on ne saurait trop encourager son développement.

Figuier. — Bien que le figuier ne soit point ici dans son véritable pays comme en Kabylie, il y est très commun cependant et donne de très bons fruits, lesquels sont consommés sur place à l'état frais, rarement à l'état sec. Ce sont surtout des figues blanches que l'on obtient ; on y trouve cependant 2 ou 3 variétés de figues violettes. La reproduction se fait par boutures de 20 à 30 centimètres qui donnent des fruits dès la seconde année. Le figuier donne ici deux récoltes par an.

Bien que j'en ai parlé dans le *Journal d'agriculture pratique,* je ne puis laisser passer sous silence une pratique bizarre qui semble nécessaire pour obtenir des figues marchandes et à laquelle se livrent indigènes et colons, je veux parler de la *caprification.* Son action est interprétée faussement, ce qui me décide à insister. On prétend à Biskra que, comme le palmier-dattier, le figuier ne peut mûrir ses fruits sans être fécondé artificiellement, et vers le mois de mai on suspend aux branches des figuiers cultivés des rameaux de figuier sauvage. Il sort bientôt des figues sauvages une petite mouche bleue qui doit être un *cynips* ; la fécondation aurait lieu par l'intermédiaire de cette mouche qui va piquer les figues de la variété cultivée : celles-ci se développent alors rapidement, tandis qu'elles tombent sur le sol avant d'avoir atteint leur grosseur normale si cette opération n'a pas eu lieu. Voilà le fait. Il est bien certain qu'il n'y a pas fécondation artificielle, ce que les indigènes appellent le fruit n'étant que le réceptacle de l'inflorescence et les graines existant dans les petites figues qui tombent sans avoir été piquées par le cynips aussi bien que dans celles qui atteignent leur complet développement. L'explication me paraît être la suivante : ce que l'on appelle vulgairement la figue n'est qu'une prolifération du réceptacle charnu de l'inflorescence ; sous ce climat, sinon partout, cette prolifération ne se produit pas d'elle-même, mais seulement à la suite de la piqûre d'une mouche qui n'existe pas dans les jardins où l'on cultive les figuiers et qui existe dans les inflorescences du figuier sauvage des oasis de montagne où les indigènes vont les chercher. La piqûre du cynips doit d'ailleurs avoir pour but de déposer un œuf dans le réceptacle dont la prolifération doit servir à assurer la nourriture de la larve : c'est l'histoire de toutes les galles et de toutes les proliférations charnues que l'on rencontre chez un grand nombre de végétaux et au milieu desquels on trouve toujours une larve qui s'y abrite et s'en nourrit. Et l'absence des cynips en question dans les jardins des oasis résulte simplement de ce que les figues sont consommées avant que la larve ait eu le temps de se transformer en insecte parfait et de sortir de sa prison. Quant à la possibilité d'obtenir des figues marchandes en Kabylie sans caprification, elle s'explique par le nombre considérable des figuiers ; il doit toujours y avoir un assez grand nombre de figues qui ne sont pas récoltées pour qu'il en sorte assez de ces bienfaisants cynips. D'ailleurs, on peut faire une remarque analogue sur le *Ficus sycomorus,* dont les fruits normalement tombent flétris avant d'avoir dépassé la grosseur d'une cerise et qui atteignent le volume d'une figue ordinaire et deviennent comestibles si on pratique une légère incision dans la partie charnue.

J'ai tenu à insister sur cette pratique, parce qu'elle donne lieu à un grand nombre d'explications invraisemblables, et qu'il m'a paru bon de la ramener à des proportions beaucoup plus simples en y montrant l'action très commune, mais très remarquable, d'insectes bienfaisants.

Pêcher, abricotier, vigne. — Je ne puis m'étendre ici sur les autres cultures arbustives de ces régions, elles y jouent un rôle important cependant et leur exploitation donne de très bons résultats. Je renvoie donc, pour ce qui concerne le pêcher, l'abricotier, le cognassier, la vigne, le grenadier, le jujubier, etc., à ce que j'en ai dit dans le *Journal d'agriculture pratique* [1].

On pourrait encore cultiver ici avec profit l'amandier, qui donne de si beaux résultats en Tunisie, le néflier du Japon, le kaki (*Diospyros kaki*), le goyavier et surtout l'ananas : la démonstration

---

1. *Journ. d'agric. pratique,* 1894, t. II, n° 30.

de la possibilité de sa réussite a été faite dans la remarquable propriété du comte Landon, à Biskra.

L'avenir des oasis de plaine en même temps que des oasis abritées dans les derniers contreforts de l'Aurès est tout entier dans la production des fruits et dans celle des légumes. Si le pommier et le poirier ne donnent ici que des fruits pierreux et sans saveur, la plupart des autres fruits des régions tempérées y réussissent très bien et surtout ceux du littoral méditerranéen. On pourra par la suite tenter d'y ajouter quelques-uns des meilleurs fruits des régions tropicales comme l'ananas, et un certain nombre d'autres arbres ou arbustes qu'il serait trop long d'énumérer ici.

Culture potagère. — Le temps me manque pour insister sur les ressources qu'on peut tirer de la culture des légumes; j'ai traité ailleurs de cette question tant au point de vue économique qu'au point de vue cultural, on y trouvera l'énumération des cultures qui peuvent être réalisées dans les jardins de Biskra, la facilité de leur réussite et leurs rendements ; les profits élevés qu'elles peuvent donner tant en alimentant la consommation locale, qu'en fournissant des primeurs en France. Chaque colon pourra facilement tirer profit du jardinage, et les Français qui viendront se livrer ici à la culture maraîchère pourront, grâce à un travail assidu, obtenir de très beaux résultats.

Cultures industrielles. — Les cultures que l'on désigne d'ordinaire sous ce nom sont peu nombreuses ici et de peu d'importance. La culture du coton, après avoir été assez prospère lors de la guerre de Sécession, a complètement disparu et ne pourrait être reprise que dans des conditions économiques tout à fait propices ; il reste acquis qu'elle réussit dans le sud algérien.

On a fait plusieurs tentatives pour tirer de l'alcool des dattes; on a obtenu un excellent produit, mais le prix de revient trop élevé n'a pas permis jusqu'à présent d'organiser en grand la fabrication de l'alcool de dattes, aussi le dattier ne peut-il être encore considéré comme une plante industrielle.

Il en est de même du sorgho sucré (*Sorghum saccharum*) qui végète bien ici, mais n'est point utilisé industriellement.

Le tabac est cultivé sur une certaine étendue, dans la plupart des oasis ; il y réussit très bien sous les palmiers.

Le henné (*Lawsonia inermis*), la garance (*Rubia tinctorum*), sont cultivés dans presque tous les jardins, tant comme plantes médicinales que comme plantes tinctoriales, mais seulement en toute petite culture ; le henné est une plante ligneuse, vivace, qu'on coupe au pied, à l'automne. Les semis réussissent très difficilement et ne peuvent être faits qu'après germination préalable des graines ; en outre, pour que la levée se fasse bien, il faut arroser avec de l'eau très claire.

Le chanvre est aussi cultivé, non comme plante textile, mais uniquement pour sa graine que les Arabes fument sous le nom de *Kif*.

Les agaves (*Agave americana*) viennent très bien à Biskra et la question de leur multiplication devrait être sérieusement mise à l'étude.

On a tenté, mais sans persévérance, la culture de la ramie ; l'essai semble être à recommencer.

Certains palmiers nains pourraient aussi être essayés comme plantes textiles.

Quant à l'alfa, son exploitation est localisée dans les hauts plateaux, surtout dans ceux du Sud oranais ; cependant il pourrait être multiplié avec d'autres *Stipacées* et des *Arthratherum* dans les dunes du sud constantinois qu'il pourrait aider à immobiliser.

En résumé, les cultures industrielles n'occupent ici qu'une place tout à fait insignifiante ; mais certaines peuvent y réussir très bien, et l'on pourra, dans l'avenir, trouver là une sérieuse source de profits, surtout en ce qui concerne le tabac (que la région produit déjà en quantité considérable), la garance, le henné (qui est même utilisé en Europe, en particulier à Lyon où il est très apprécié pour la teinture en noir des soieries), les textiles, etc. Je ne parle pas de la betterave qui, venant très bien dans les terrains salés, sera à utiliser uniquement comme fourrage, le sucre produit dans sa végétation en terrains salés ne cristallisant pas.

Mais c'est surtout pour l'avenir et non dans la situation présente qu'il faut envisager l'extension possible des cultures industrielles ; les quelques renseignements qui précèdent font voir qu'elles méritent une série d'essais sérieux.

Exploitation du bétail.

On rencontre dans le sud constantinois les principaux de nos animaux, je dis les principaux et non tous, car les bovidés n'y sont plus représentés au delà de Biskra, et même dans la région entre El-Kantara et Biskra leur exploitation est à peu près insignifiante ;

elle n'est possible, comme on le verra plus loin, que dans des circonstances particulières.

Équidés. — Le cheval et le mulet sont encore très répandus dans le sud constantinois et ne disparaissent qu'à partir des dunes, et encore dans les dunes du Souf rencontre-t-on une variété d'ânes très remarquables. D'ailleurs, M. Foureau a vu des ânes chez les Touareg Azdjer; ils semblent établir une ligne continue entre ceux de l'Algérie et ceux du Soudan.

Le cheval du sud appartient en majorité à la variété barbe de la race africaine; on y trouve cependant des individus de la variété arabe de la race syrienne et surtout de nombreux croisements de ces deux variétés, mais le barbe domine. Malgré son aspect abattu et endormi lorsqu'il est au repos, ce cheval montre une remarquable résistance à la fatigue; très rustique, couchant toujours à la belle étoile, mais le dos et le ventre couverts d'un *djilane* (longue converture de laine), il vit très sobrement, ne mangeant, même chez les Européens qui soignent le mieux leurs animaux, que 4, parfois 5 litres d'orge par jour, de la paille d'orge, mais jamais de foin. L'élevage est très défectueux, on fait surtout travailler les jeunes animaux beaucoup trop tôt, à dix-huit mois, deux ans; aussi contractent-ils bientôt de nombreuses tares: suros, mollettes. Un cheval ordinaire ne vaut pas ici plus de 300 fr.; certains chevaux provenant d'un élevage plus soigné se vendent plus cher, mais ils sont rares. Les plus renommés sont ceux du caïd Ali-Bey. Je n'ai pas à parler ici du haras d'El-Mahder où M. Bedouet obtient des chevaux barbes, barbes-arabes et syriens, de toute beauté; c'est sans contredit le plus bel élevage de toute l'Algérie; on l'a d'ailleurs bien vu au dernier concours hippique d'Alger, auquel il a obtenu un si beau succès.

De petite taille, aux membres souvent grêles, le cheval de ces régions est surtout un animal de selle; il montre un fond extraordinaire, faisant dans son pays des étapes d'une longueur inconnue chez nous, pouvant fournir régulièrement tous les jours pendant une semaine de 60 à 90 kilomètres; certains peuvent fournir de grandes vitesses, mais leurs caractères distinctifs sont le fond et la rusticité. Ils sont assez mauvais animaux de travail, bien qu'ils soient robustes et qu'on les emploie à tops les métiers. Si on les préfère d'ordinaire, pour les travaux de la culture, aux mules qui font de très bon travail, c'est que ces dernières sont souvent assez difficiles à mener et coûtent beaucoup plus cher.

Ces mules viennent en grande partie des hauts plateaux, quel-

ques-unes même du Poitou qui en importe beaucoup en Algérie.
Cependant un bon nombre sont produites sur place et les superbes
ânes du Souf donnent, avec les juments barbes, de très beaux mulets. La valeur des mulets est très variable ici ; elle dépend de
leur taille et de leur origine ; les plus mauvais, produits un peu
au hasard, varient de 150 à 300 fr. ; un beau mulet du pays peut
se vendre 450 à 500 fr. ; ceux du Poitou valent davantage.

L'âne du Souf est un superbe animal dont la taille est de beaucoup supérieure à celle du petit bourricot algérien et très peu
inférieure à celle des chevaux de la région ; sa robe est gris-rosé,
un peu gorge de pigeon et il porte sur le dos une superbe croix
noire ; il a des formes très robustes et est très apprécié dans la
région où il se vend aux environs de 50 fr., les étalons atteignant
parfois 100 fr.

Les petits bourricots noirs que l'on rencontre dans toute l'Algérie rendent également ici d'immenses services ; ils sont très
précieux, coûtant rarement plus de 20 fr., souvent moins de 10 fr.,
ne mangeant presque rien et fournissant, avec une docilité parfaite,
un travail considérable.

Je ne fais qu'énumérer ici ces animaux, n'insistant pas sur leur
élevage qui se fait chez l'indigène et qui est presque toujours de
l'élevage fait par la famille ; je ne pense pas qu'il y ait là une
industrie très rémunératrice pour les colons, à moins de s'y livrer
exclusivement.

Chameau. — Le chameau, ici comme dans toute l'Afrique, est,
à proprement parler, le dromadaire : le chameau étant un animal
à deux bosses. Depuis Biskra, les chameaux (à qui je conserve le
nom que tout le monde leur donne ici) viennent se mêler comme
bêtes de bât aux équidés ; leur nombre augmente à mesure qu'on
avance vers le sud, et, dès qu'on rencontre les premières dunes,
on trouve le chameau de selle, le méhari qui vient se substituer
au cheval pour les courses dans le sud et qui seul est capable de
trouver sa vie dans les broussailles de la route et de rester plusieurs
jours, 9 et parfois plus, sans boire.

Aussi ce n'est qu'au milieu de ces sables et de cette hamada
désolée où l'utilité de cet animal vraiment providentiel est si appréciable, qu'on rencontre le véritable élevage du chameau ; je ne
le décrirai pas aujourd'hui, voulant l'étudier à fond. Dans toute
la région qui s'étend de l'Aurès au nord des dunes, l'élevage du
chameau est tout à fait défectueux, comme d'ailleurs celui du
cheval ; les jeunes animaux qui, dans le sud, ne travaillent qu'à

cinq ans, reçoivent ici des charges considérables dès l'âge de trois ans, ce qui leur fausse les aplombs et les empêche dans la suite de rendre de bons services.

Le méhari n'est qu'une variété du chameau de bât obtenue par sélection et uniquement pour la course ; un peu lent au début, il s'échauffe rapidement et peut soutenir pendant longtemps des allures très vives, dans tous les terrains, sauf dans les terrains glissants. La résistance du chameau à la fatigue est très remarquable ; dans la dernière mission de l'explorateur Foureau, ses chameaux et ses mehara ont fait 150 jours consécutifs de marche sans être jamais déchargés complètement, et ils restaient souvent 8, 10 et même 16 jours sans boire.

Ces animaux constituent l'unique moyen de transport à travers le Sahara, aussi bien pour la selle que pour le bât ; il pourra être utile d'améliorer leur élevage, surtout maintenant qu'une partie des troupes du sud est montée sur des mehara.

Bovidés. — Bien insignifiante est l'exploitation des bovidés dans le Sud algérien ; si on trouve encore un certain nombre de bœufs et de vaches dans la région de Biskra, on n'en voit plus guère au delà de cette oasis. On comprendra facilement qu'il en soit ainsi, maintenant que l'on a vu quelle pénurie de fourrages il y a ici, et à quelle hauteur monte le thermomètre durant la saison d'été ; aussi les vaches souffrent-elles considérablement pendant la moitié de l'année, et ne peut-on songer à les exploiter sérieusement qu'à la condition de les faire estiver dans les gorges de l'Aurès, où elles pourront trouver de la fraîcheur et une bonne alimentation.

Les bovidés appartiennent ici à cette variété de la race ibérique de M. Sanson, connue en Algérie sous le nom de race de Guelma ; ils sont de petite taille, bas sur pattes, leur cou est très court et ils ont le rein très large ; on sait d'ailleurs ce que vaut cette excellente variété dans la région de Guelma, dans les vallées de la Seybouse et de la Medjerdah. La sécheresse du climat ne leur permet pas d'acquérir ici les mêmes qualités ; leur viande est généralement très bonne, mais les vaches sont mauvaises laitières, donnent très peu et passent pour être souvent tuberculeuses. Il est vrai qu'avec une nourriture plus appropriée, plus succulente et plus substantielle, on pourrait augmenter la production du lait ; et ce pourra même être une sérieuse base de profits pour les colons sérieux de se livrer ici à l'industrie laitière en y apportant tous les soins nécessaires. Le lait est en effet très recherché à Biskra pendant la « saison », on l'y paie très cher ; nul doute, étant donnée l'affluence croissante des hiverneurs dans la grande oasis des Ziban, qu'on ne trouve un écoulement facile du lait et du beurre à des prix très rémunéra- teurs. On a vu qu'il est facile d'obtenir ici de bons fourrages, et que l'on peut assurer aisément l'alimentation des vaches pendant la saison ; de février jusqu'à mai, on aura des fourrages verts en abondance ; de novembre à février, les fourrages ensilés, quelques racines, voire même quelques tourteaux, permettront de nourrir copieusement le troupeau.

Mais pour maintenir les bêtes en bon état et en bonne santé, il faudra, à la fin de mai, les envoyer estiver dans la montagne. Il existe à peu de distance, 100 à 150 kilomètres, des gorges très fraîches, dans la vallée de l'Oued Adbi par exemple, où les vaches seront à merveille. Un colon expérimenté dans l'élevage du bétail pourra ainsi obtenir, par une sélection attentive et des soins con- tinus, une bonne variété de vaches bien adaptée au pays et qui y rendra d'inestimables services. La condition fondamentale de réussite sera, comme dans tout le reste, de ne compter que sur soi, sur sa persévérance et sur un travail de tous les instants, et de ne pas s'endormir dans la douce quiétude que n'inspire que trop le climat ; il faut marcher toujours de l'avant, avec l'énergie de la première heure et sans se laisser gagner par la mollesse des Arabes.

Ovidés. — Ce sont les ovidés, moutons et chèvres, qui consti- tuent la plus grande partie du cheptel du sud constantinois, comme d'ailleurs de toute la région des hauts plateaux.

Ici encore, il y a à constater l'existence de grandes ressources, à critiquer la mauvaise exploitation et à réclamer de nombreuses améliorations pour l'avenir.

Les moutons sont très nombreux dans tout le sud algérien où ils constituent la base de l'alimentation en viande des Arabes sé- dentaires et le principal moyen d'existence des nomades, les- quels ne vivent guère que de l'exploitation de leurs troupeaux. Ces moutons appartiennent presque tous à la variété algérienne à queue fine de la race syrienne de M. Sanson (mouton barbarin) ; on y rencontre aussi bon nombre de croisements mérinos, et même des mérinos presque purs.

Les premiers de ces moutons sont généralement assez hauts sur pattes, ce qui résulte de leur mode d'existence, obligés qu'ils sont de parcourir de grands espaces pour trouver leur nourriture. Ces animaux ne sont jamais engraissés complètement, leur régime de vie s'y oppose ; mais ils arrivent facilement à un bon état demi-gras, et leur chair, malgré une assez mauvaise réputation, est souvent très bonne. Cette mauvaise réputation tient à plusieurs raisons : d'abord les Arabes ne pratiquent guère la castration et c'est généralement du bélier que l'on mange, les brebis n'étant tuées qu'à un âge avancé ; en outre, on mange d'ordinaire les agneaux trop jeunes, et enfin la viande est consommée trop fraîche, tous défauts qu'il est très facile de faire disparaître. Aussi l'on peut dire que la viande du mouton algérien à queue fine est de bonne qualité : il est très rustique, s'assimile bien les aliments les plus grossiers ; sa laine est assez fine et généralement estimée. En résumé, c'est une très bonne variété qui mérite des soins attentifs et qui arrive à les très bien payer.

Le mérinos est assez fréquent parmi les troupeaux du sud constantinois, soit qu'il résulte d'anciennes tentatives d'introduction et de croisement, soit même qu'il soit autochtone, le nom des mérinos provenant probablement de celui de la tribu autrefois très puissante des Bou-Merin. Ces mérinos, ou plutôt ces croisements mérinos (car les animaux de race pure ne semblent pas communs ici), s'accommodent très bien de ce climat très sec et résistent également bien aux périodes froides et pluvieuses qu'ils peuvent avoir à supporter durant l'hiver ; leur viande ne vaut pas celle des moutons algériens, mais leur laine est plus fine ; aussi méritent-ils d'être multipliés parallèlement à ceux-ci.

Les variétés ovines actuelles du sud sont donc très recommandables, et il n'y a pas lieu de leur en substituer d'autres ; mais tous les efforts doivent se porter sur leur amélioration, en introduisant, pour les croisements mérinos, des reproducteurs choisis avec soin et tirés, si possible, des régions voisines, et en opérant, chez les deux variétés, la castration des mâles, ne conservant pour reproducteurs que les mieux conformés et les plus rustiques. Il faudra, en outre, veiller de plus près sur l'hygiène des troupeaux qui sont souvent infectés de gale, ce dont il serait facile de les préserver ; leur ménager des abris pour les jours de pluie pendant l'hiver, et avoir quelques réserves de fourrages qui permettront de les nourrir en automne, alors qu'il n'y a plus rien sur les terres de parcours, et en attendant que l'herbe nouvelle soit poussée.

J'ai déjà eu occasion de l'expliquer précédemment, l'exploitation du mouton ne peut être profitable ici qu'en ayant soin de ne pas bouleverser le régime actuel, et qu'en continuant à tirer le meilleur parti possible des terres de parcours. Les améliorations à apporter dans le régime alimentaire consistent à utiliser une partie des terrains en jachère par la culture de fourrages, légumineuses et graminées si l'on peut disposer d'assez d'eau, salsolacées dans le cas contraire. Il sera ainsi possible d'augmenter sensiblement les profits de l'exploitation, soit qu'on fasse de l'élevage direct, soit qu'on se contente de faire de l'engraissement en achetant des moutons aux indigènes à l'arrière-saison, quand le manque de pâturage fait tomber les cours à des chiffres dérisoires (jusqu'à 5 fr. une brebis suitée) ; au bout d'un mois ou deux, les cours redeviennent normaux et des animaux en bon état peuvent être alors vendus 20 fr. la tête ; on voit qu'avec quelques provisions de fourrages on peut, par l'engraissement, obtenir de beaux profits.

Presque aussi importante actuellement que celle du mouton, l'exploitation de la chèvre ne présente pas le même avenir dans ces régions ; la chèvre est un animal trop dévastateur pour pouvoir se développer à côté de cultures soignées. Il y a cependant un superbe parti à tirer de la variété de chèvres du sud constantinois, variété de la race africaine que l'on désigne sous le nom de chèvre du Souf ou de chèvre de Tuggurth, — où elle existe à l'état de pureté. Cette chèvre est de même race que la chèvre maltaise, et, comme elle, excellente laitière. A ce propos, je ne puis traiter ce sujet sans protester contre la classification des chèvres algériennes, que donne M. Raoul, dans son *Manuel des cultures tropicales*[1], et la très mauvaise réputation qu'il fait à la chèvre du Soudan (?) qui semble être la chèvre de Tuggurth. Il en cite trois races : 1° une race *arabe* comprenant deux sous-races, l'une à poil ras, l'autre à poil long. Ces chèvres sont simplement des chèvres d'Europe (des Pyrénées ou des Alpes) et des chèvres du Thibet et d'Angora, très souvent croisées entre elles et qui ne présentent plus aucun caractère fixe de race ; 2° la race *maltaise*, qui est en effet très répandue dans notre colonie et qui présente de grandes qualités au point de vue de la production du lait, comme je le dis moi-même plus haut ; 3° enfin, une « race du *Soudan*, ne réussit que dans le « sud de notre colonie. Grande race, sans cornes, à longs poils, « *donnant peu de lait*. Prix, 13 à 18 fr. selon le lieu ». Les caractères que donnent M. Raoul semblent bien désigner la chèvre de Tuggurth, qui est en outre caractérisée par la longueur de ses oreilles et leur forme pendante ; par son profil tranchant ; sa face triangulaire, et surtout par la présence, au milieu des poils, d'une toison de laine en quantité d'autant plus grande qu'on avance plus vers le sud et qui disparaît complètement après un séjour quelque peu

---

1. Sagot et Raoul, *Manuel des cultures tropicales*, p. 596. Paris, Challamel, 1893.

prolongé dans le nord ; le corps est mince, les membres longs et fins ; enfin, cette race de chèvre a, comme les moutons, le pied pourvu du canal biflexe. D'ailleurs, elle ressemble beaucoup, à une certaine distance, au mouton du Soudan dont la toison est également mélangée de jarre, et ces deux races sont des races de transition, qui établissent le passage des ovins aux caprins. Contrairement à ce que dit M. Raoul, cette chèvre donne beaucoup de lait, au moins autant que la maltaise, de 2 à 3 litres par jour ; aussi son prix est-il très élevé, il dépasse toujours 20 fr., et s'élève parfois au delà de 50 fr., d'autant que son lait est d'excellente qualité et dépourvu de l'odeur forte qui déprécie d'ordinaire le lait de chèvre. C'est uniquement à son prix élevé qu'il faut attribuer sa rareté dans les troupeaux de Biskra et le grand nombre de croisements de chèvre d'Europe avec celle du Thibet, qui donnent peu de lait, mais ont, pour l'indigène, l'avantage de ne coûter qu'une quinzaine de francs. Il est à souhaiter que l'élevage de cette chèvre à l'état de pureté se fasse en grand ici, et que, puisqu'elle est dans son véritable pays, elle arrrive à supplanter tous ces métis ; il faut la garder soigneusement à l'abri de tout croisement, ce qui est facile. Elle existe pure à Tuggurth, au Souf, et jusqu'au Djerid.

Les chèvres vont paître ici avec les moutons sur les terrains de parcours et sur les coteaux arides dont elles utilisent merveilleusement les plus maigres végétations ; leur exploitation ne présente pas ainsi les mêmes dangers que dans un pays de culture intensive ; il serait bon cependant de les laisser, même la nuit, dans les terrains de parcours où on pourrait les parquer, car elles causent des dégâts nombreux en rentrant le soir à la ferme ou dans l'oasis [1].

Rien à dire de l'élevage du porc, à peu près nul à cause de la proscription dont il est l'objet dans le Koran et aussi à cause du climat, sa viande ne pouvant être consommée durant l'été.

Quant à la volaille, elle peut donner lieu à une exploitation régulière, surtout dans les oasis où il y a des Français ; mais je ne peux m'étendre sur ce sujet et me contente de l'indiquer en affirmant la possibilité de réussite de toutes nos volailles.

En résumé, pour n'être qu'une branche accessoire de l'agriculture, l'exploitation du bétail peut rendre de grands services ; dans le sud constantinois. Elle a d'abord à fournir le pays en moteurs (on verra tout à l'heure l'importance de cette question), en ani-

---

1. La chèvre de Tuggurth présente encore l'avantage d'être très peu vagabonde et de vivre en stabulation presque constante.

maux de selle et de transport qu'il y a tout intérêt à produire sur place pour les avoir à meilleur compte, plus robustes et plus résistant au climat; elle pourra, en outre, fournir les habitants de viande de boucherie et exporter un nombre considérable de têtes de bétail sur pied, tout cela sans grands frais nouveaux, sans augmentation notable de main-d'œuvre. En outre, s'il n'y a ici aucune raison d'exploiter les animaux comme machines à fumier, ce produit accessoire trouvera un emploi très utile dans les cultures maraîchères et arbustives. Mais l'exploitation du bétail ne sera réellement lucrative que dans les conditions indiquées, et seulement après les améliorations dont j'ai signalé la nécessité.

Régime économique.

Après avoir exposé les conditions climatériques et géologiques de la production agricole, étudié successivement les différentes cultures et l'exploitation du bétail, il me reste, pour faire une étude complète, à exposer le régime économique de ce pays, à rechercher les conditions de la vie et du travail, l'importance économique des cultures, la nature et l'étendue des débouchés, les moyens de transport. Ensuite, il sera facile de voir dans quelle mesure la colonisation des ces immenses étendues pourra être pratique et profitable, et comment l'installation de Français dans ces solitudes pourra permettre de rendre la vie à cette partie du désert.

Conditions de vie. — La vie est facile ici, la douceur du climat permet de n'avoir pas à se protéger du froid; il faut seulement s'abriter contre la pluie, ce qui est facile, et encore la pluie est-elle rare et bien vite séchée. Le soleil est plus à redouter, mais il est plutôt gênant que réellement dangereux. Presque tous les pays dont je me suis occupé sont très sains; il n'y a guère que l'Oued Rirh qui soit fiévreux, mais ses fièvres sont terribles et on doit faire en sorte de quitter les marécages où sont les jardins, pour se réfugier sur les hauteurs, au momment du *temm* (fièvre, synonyme de mal'aria). Il y a urgence de s'occuper d'assainir ce pays en facilitant l'écoulement des eaux de drainage; l'œuvre d'assainissement qui a été entreprise à Tuggurth par l'agha Ben Driss doit être continuée ici sans retard.

Le sol, on l'a vu, produit avec la plus grande facilité toutes les denrées nécessaires à la vie : légumes, fruits, céréales; et il nourrit sans peine les animaux dont la viande complète l'alimentation de l'homme.

Ces régions fortunées se suffisent presque complètement à elles-mêmes : la laine des moutons, le poil des chèvres et des chameaux fournissent aux habitants les vêtements et les couvertures, la peau des chèvres leur donne la chaussure ; aussi les importations sont-elles bien peu considérables et ne consistent-elles principalement qu'en sucre et café et aussi en tissus de France et d'Angleterre pour remplacer ceux que les indigènes n'ont plus le courage de fabriquer. Le grand luxe consiste dans le repos ; dormir au soleil ou fumer tranquillement du tabac ou du kif, semble être la suprême jouissance dans ce climat qui porte tant à la mollesse.

Le logement est facile à construire à peu de frais ; les matériaux sont à portée, soit qu'on ait recours aux briques cuites au soleil, comme le font les indigènes, soit à la pierre : la pierre à bâtir, la pierre à chaux, le plâtre, se rencontrent à chaque pas ; le sable abonde pour faire le mortier ; seuls les bois de charpente font défaut.

Les animaux de selle et de bât sont très nombreux et coûtent très bon marché, aussi les voyages et les transports sont-ils très faciles à faire. La sécurité est très grande, beaucoup plus même qu'en bien des points du littoral, et si quelques tribus, entretenant de vieilles haines ou obéissant à d'anciennes habitudes de pillage, s'attaquent et se volent à l'occasion, jamais un Européen ne court le moindre danger.

Au fond, vie facile à presque tous les points de vue, sous un climat sain et dans un pays sûr, parmi des paysages pleins de douceur et de charme, où l'on n'a pas à redouter d'avoir à lutter avec un sol ingrat et un ciel inclément, mais bien au contraire où il faut craindre de se laisser gagner par la mollesse, tant le climat est délicieux et la nature féconde.

Importance économique des cultures. — Il est très difficile d'obtenir ici des chiffres exacts, non pas tant pour le nombre des dattiers et arbres fruitiers qui sont soumis à l'impôt de *lezma,* que pour leur rendement et pour les surfaces cultivées en céréales ; je donnerai ici quelques chiffres empruntés à M. Jus[1] qui a séjourné longtemps dans le sud constantinois où il a dirigé les sondages artésiens, je lui laisse toute la responsabilité de ces chiffres. Le

1. Jus, *Les Oasis du Sud constantinois.* Batna, 1880.

premier tableau indique le nombre d'habitants, le nombre de palmiers et d'arbres fruitiers et le nombre de puits existant en 1880 :

RÉGIONS.	HABITANTS.	DATTIERS.	ARBRES fruitiers.	FORAGES français.	PUITS indigènes.
1. Ziban, Zab Chergui, Aurès, Ouled Djellal, O. Zian . .	»	918,252	500,000	»	»
2. Oued Rirh	12,800	517,563	90,000	59	436
3. Oued Souf	26,800	176,450	50,000	»	441
4. Temacin à El Alia	»	15,806	6,000	»	42
5. N'gouça à Ouargla	»	440,000	120,000	»	353
Totaux	»	2,068,071	766,000	59	5,262

Le rendement n'est donné que pour le palmier ; il est évalué de la façon suivante en 1880 :

RÉGIONS.	NOMBRE DE PALMIERS en rapport.	DATTES PRODUITES.
		kilogr.
1. Ziban, Zab Chergui, Aurès, Ouled Djellal, O. Zian	918,252	13,773,780
2. Oued Rirh	430,500	6,457,500
3. Oued Souf	176,450	3,176,100
4. Temacin à El Alia	15,800	237,090
5. N'gouça à Ouargla	440,000	6,600,000
Totaux	1,981,002	30,244,470

Le nombre des palmiers et des arbres fruitiers, comme celui des puits artésiens, a considérablement augmenté de 1880 à 1889, à la suite de l'installation de compagnies françaises de colonisation dans les Ziban et l'Oued Rirh, où des plantations nouvelles ont été effectuées et de nouveaux puits artésiens creusés :

En 1888, d'après M. G. Rolland, l'Oued Rirh comprenait :

520,000 palmiers en plein rapport ;

140,000 palmiers de 1 à 7 ans ;

100,000 arbres fruitiers.

Il y avait depuis 1880 plus de 60,000 palmiers de plantés par les Européens, et l'eau était fournie, au commencement de l'hiver de 1885, par :

114 puits jaillissants français, tubés en fer ;

492 puits indigènes, boisés, 114 puits jaillissants tubés en fer,

débitant ensemble 253,698 litres à la minute ; ce débit n'était, au commencement de 1880, que de 164,078 litres à la minute, soit en 5 ans une augmentation de 89,620 litres à la minute, permettant d'arroser près de 300,000 palmiers de plus.

La Société agricole du sud algérien possède les oasis d'Ourir et de Sidi-Yahia, où elle a planté près de 40,000 palmiers, mais ces arbres ne sont pas encore en rapport.

La compagnie de Biskra et de l'Oued Rirh possède à Ourlana, Tuggurt, Mraïer, etc., dans l'Oued Rirh, et à Foughala dans les Ziban, 50,000 palmiers en rapport, arrosés au moyen de 7 puits artésiens forés presque tous par les ateliers de la compagnie, et débitant plus de 17,000 litres à la minute.

Pour les autres cultures, les renseignements sont peu nombreux et beaucoup plus difficiles à trouver que ceux concernant les palmiers. M. Jus estime ainsi la production des céréales dans la région des Ziban, en 1879 :

Blé : 21,500 hectolitres ;

Orge : 50,000 hectolitres.

Mais ces chiffres ne peuvent être considérés que comme tout à fait approximatifs et ne peuvent donner une idée exacte des cultures.

La vérité est que les cultures de céréales suffisent à peu près à assurer l'alimentation en blé et orge de la région de Biskra, et du Souf et de l'Oued Rirh qui viennent s'y approvisionner[1] ; il ne se fait que peu d'exportations qui pourraient être cependant assez importantes dans certaines années particulièrement favorables. Les importations sont à peu près nulles, sauf en années de disette produite soit par des invasions de sauterelles, des coups de sirocco ou une sécheresse prolongée au printemps.

Très peu de renseignements également sur le nombre des animaux domestiques ; M. Jus estime à 3,500,000 le nombre d'ovidés qui remontent du Sahara au Tell, et à 2,500,000 le nombre de ceux qui redescendent hiverner du Tell au Sahara. Il y aurait donc exportation vers le Tell et le littoral d'environ 1 million de têtes d'ovidés ; ce chiffre pourra, dans la suite, être très considérablement augmenté, les importations en France de moutons algériens devenant de jour en jour plus nombreuses.

Je n'ai pas voulu, dans les tableaux précédents, donner la valeur en argent qu'attribuent les auteurs aux différentes productions, les estimations me paraissant généralement trop élevées ; par exemple le rapport d'un palmier qui est compté plus de 5 fr.

1. Quand il pleut dans le Zab Chergui.

ne peut être estimé, d'après les calculs les plus rigoureux, plus
de 4 fr. 50 c. ; et 30 fr. me semble bien exagéré comme prix
moyen de l'hectolitre de blé ; il m'a paru plus instructif de donner
seulement les produits en nature des différentes cultures. Ces
chiffres sont bien incomplets ; ils pourront cependant donner une
idée de l'importance des principales cultures, les renseignements
exacts sont difficiles à trouver chez les indigènes qui ne comptent
guère et s'occupent peu de savoir ce que produisent leurs récoltes.

Matières premières. — Actuellement tout le trafic de ces régions
se borne aux produits agricoles ; les importations de bois de chauf-
fage sont assez considérables, ainsi que celles de bois de construction ; il faut y joindre les importations d'objets manufacturés,
et de certaines denrées alimentaires : sucres, cafés, farines même,
les moulins indigènes étant trop rudimentaires pour en produire
de la bonne. Ce sont les principales importations, et, par contre,
on exporte du sel en assez grande quantité, des laines, des peaux
de chèvre (maroquin), des couvertures de laine, des tissus en poils
de chèvre et de chameau, même des feuilles de graminées employées, comme l'alfa, pour faire de la pâte à papier. On pourra
dans la suite exporter du plâtre et peut-être du phosphate de
chaux qui semble exister en abondance dans l'Aurès.

Les matières premières qui font défaut ici ne sont pas les plus
indispensables, mais leur absence peut être très gênante : ainsi
le prix exorbitant du charbon, qui revient à 75 fr. la tonne
en gare de Biskra (40 fr. de transport de Philippeville à Biskra)
s'oppose, jusqu'à nouvel ordre, à toute entreprise industrielle,
quelle qu'elle puisse être ; aussi doit-on réclamer de sérieuses
améliorations dans les conditions des transports sur les chemins
de fer algériens. Il faut, en attendant, s'ingénier à remplacer le
charbon ; je montrerai plus loin comment on peut y arriver dans
la question de production de la force. Pour la production de la
chaleur, il est plus difficile de se passer de ce combustible : les
gens du pays se servent de troncs d'arbres rabougris, de broussailles et de racines pour cuire le gypse et le calcaire très abon-
dants dans toute la région ; mais cette production de plâtre ne peut
fournir actuellement qu'à la consommation locale, tant l'usage de
combustibles de mauvaise qualité rend la cuisson irrégulière et
abaisse la qualité du plâtre qui pourrait, dans de meilleures conditions, être excellent et donner lieu à une exportation importante.

Il faudra surtout, pour résoudre la question des matières premières, abaisser, comme j'aurai à le réclamer plus loin, les tarifs de chemin de fer d'une façon très notable ; ils ressemblent beaucoup aujourd'hui à des tarifs de prohibition.

Condition du travail. Main-d'œuvre. — La condition du travail mérite ici une étude attentive à cause de sa nature très spéciale. On a vu que l'oasien ne travaille pour ainsi dire jamais pour autrui ; il cultive lui-même ses terres, s'il est petit propriétaire. Si son domaine a une certaine étendue, il répartit entre des fermiers (*khammès*) la partie qu'il ne peut cultiver : ainsi tous travaillent pour leur compte, les uns directement, les autres comme khammès. Il est si facile d'être khammès que ceux qui ne le sont pas sont généralement des fainéants et d'assez mauvais sujets. Ceux-là, pour vivre, vont se louer chez les Européens ; mais d'ordinaire ils restent très peu de temps dans la même place, la quittant dès qu'ils ont ramassé les quelques sous, qui leur assureront l'existence pendant plusieurs jours. Aussi la main-d'œuvre locale peut-elle être considerée comme très rare et de très mauvaise qualité ; je dois dire que, malgré l'irrégularité et l'imperfection de leur travail, les indigènes exigent des salaires considérables ; autrefois 1 fr. 50 c. leur suffisait, maintenant il leur faut 2 fr. et 2 fr. 50 c.

De plus, l'emploi des indigènes comme ouvriers réclame une surveillance de tous les instants, ces gens étant paresseux et voleurs ; ils se couchent aussitôt qu'on cesse d'être sur leur dos, ou bien ils profitent de l'absence du khammès ou du surveillant pour cacher dans leur burnous une partie des dattes qu'ils cueillent, du blé qu'ils récoltent ou qu'on leur donne à semer ; ou encore ils abusent des animaux auxquels ils font porter des charges considérables, ne craignant pas de se faire porter eux-mêmes et les menant à des allures insensées. On voit fréquemment des indigènes aller jusqu'à faire coucher les mulets pour leur mettre la charge sur le dos, tant ils ont peur de se fatiguer.

Mais, si la main-d'œuvre est rare et mauvaise aux Ziban, il est loin d'être impossible de s'en procurer, même de l'excellente : il ne faut pas compter sur les gens du Souf, très laborieux, mais qui quittent peu leur pays et ne travaillent que pour leur compte ; cependant on peut trouver d'excellents ouvriers, travailleurs et pas malhonnêtes parmi les nègres de l'Oued Rirh, qui, longtemps esclaves dans le pays qu'ils possèdent aujourd'hui, n'ont jamais perdu l'habitude de travailler et s'entendent très bien à la culture des dattiers et autres arbres fruitiers, ainsi qu'à la pratique des irrigations. On peut aussi avoir recours aux nègres du Fezzan qui viennent, de plus en plus nombreux, se louer en Tunisie comme ouvriers agricoles ; très travailleurs et très dociles, ils résistent aux plus fortes chaleurs et sont, dans un grand nombre de domaines tunisiens, d'une grande ressource, ainsi que j'ai pu m'en rendre compte par moi-même. J'y ai vu, à côté d'eux, une quantité assez considérable de Marocains qui viennent au travers de l'Algérie chercher leur vie chez les grands propriétaires tunisiens. Assez sombres, ne frayant pas avec les autres Arabes, ils font d'excellents ouvriers et des gardiens renommés ; eux aussi viendraient dans le sud constantinois si on les demandait : un grand nombre des ouvriers du chemin de fer de Biskra était des Marocains. On pourrait, comme en Tunisie, avoir une sorte d'agence pour se procurer ces ouvriers soit du Fezzan, soit du Maroc : à Tunis, il existe un caïd des nègres et un caïd des étrangers qui fournissent des ouvriers à tous les propriétaires qui leur en demandent ; en outre, ces caïds veillent sur les étrangers qui leur sont confiés, s'occupent de les aider à vivre quand ils sont sans place, règlent les contestations qui pourraient survenir ; aussi les braves nègres, comme les Marocains, viennent volontiers dans ce pays parce qu'ils s'y sentent protégés et sont certains de ne pas mourir de faim.

On préfère de beaucoup les travailleurs nègres ou Marocains aux Espagnols et aux Italiens, parce que la majorité de ceux-ci est généralement assez peu recommandable ; s'ils travaillent d'une façon plus propre que les premiers, ils jouent trop souvent du couteau et sont trop difficiles à mener.

Il faut se contenter d'un petit nombre d'ouvriers européens, on pourra ainsi les avoir plus sûrs ; ils ne sont indispensables que pour les travaux d'art, et alors on peut leur donner des salaires assez élevés pour décider des gens honnêtes et se procurer des hommes de confiance, lesquels pourront, on le verra plus loin, servir de base dans ces régions à une excellente population ouvrière qu'il est malheureusement bien difficile de rencontrer actuellement en Algérie. Mais il ne faudra pas leur refuser des salaires assez élevés, vu les conditions particulières du travail dans ces pays éloignés.

Cette rareté de main-d'œuvre nécessite, pour les exploitations agricoles de ces régions, l'emploi des machines sur une très grande échelle ; le travail de l'homme étant généralement de mauvaise qualité et, de plus, pouvant être très pénible pendant une grande partie de l'année, il faut arriver à le réduire à son minimum et n'employer l'homme à aucune des besognes que peut accomplir la machine, lui réservant seulement, sauf dans les circonstances exceptionnelles, le rôle de surveillant et de conducteur de ces machines. L'emploi des machines agricoles sera d'ailleurs facile ici, car on n'aura à cultiver que dans d'immenses plaines s'étendant à perte de vue, sans accidents sensibles de terrain. Les sols sont généralement légers et faciles à travailler ; aussi, pour les labourer, pourra-t-on employer des charrues polysocs à deux et trois chevaux ou à deux mulets, en attendant que l'on essaie l'emploi de treuils à manège, le labourage à vapeur ne pouvant être envisagé sérieusement tant que le charbon reviendra à un prix aussi exorbitant qu'actuellement.

Les colons du pays n'ont pu encore se résoudre à l'emploi de moissonneuses pour leur récolte ; ils voient dans les ados nécessaires pour assurer l'épandage régulier des eaux d'irrigation, un obstacle à l'emploi de ces machines. Cet obstacle n'est pas suffisant pour empêcher de recourir à d'aussi utiles auxiliaires, d'autant qu'on peut n'y pas faire attention en ne coupant les épis qu'à une certaine hauteur au-dessus du sol (ces ados sont toujours très bas) et en n'employant que des machines très robustes. On peut aussi avoir soin de disposer les ados très régulièrement et faire aller les moissonneuses parallèlement à leur direction. L'emploi des moissonneuses-lieuses s'impose ici où la maturation se produit simultanément dans toutes les mêmes cultures de la ferme, l'emploi de la main-d'œuvre indigène, qu'il est d'ailleurs souvent très difficile de trouver, ne permet pas de récolter toutes les céréales dans un état de maturité satisfaisante. On est généralement obligé de commencer la moisson alors que les orges ne sont pas encore mûres et on ne la termine que quand une grande partie de la récolte s'est déjà répandue sur le sol. On répond à cela qu'on obtient ainsi sans aucun travail une seconde récolte souvent aussi belle que la première, c'est possible ; mais a-t-on jamais calculé ce que coûte réellement cette seconde récolte ? Même en admettant qu'il y ait avantage à laisser se perdre ainsi une partie de la récolte d'orge, il y a tout intérêt à moissonner rapidement, car quelque rapidité que l'on mette, on n'empêchera jamais complètement cet égrènement pour l'orge, et pour l'avoine le jour où on en cultivera. Les moissonneurs que l'on peut recruter chez les nomades ne se louent jamais pour la durée de la moisson, mais seulement à la journée, et ils partent suivant leur caprice, sans prévenir, emportant souvent une certaine quantité d'épis dans leur burnous. Avec des moissonneuses, on ne sera plus à la merci d'ouvriers inconnus ; la récolte se fera avec une grande régularité, ne nécessitant que l'emploi de quelques hommes pour la rentrer. Les gerbes sortant liées de la machine, le vol sera beaucoup plus difficile, et enfin, en employant un nombre d'instruments en rapport avec l'étendue de l'exploitation, on ne mettra à faire la moisson que le temps normal : 15 à 25 jours au plus pour chaque céréale, au lieu d'être exposé à mettre des mois. Je pourrais citer une très belle exploitation de la région, achetée par un Français il y a un an, où, en employant la main-d'œuvre locale, la moisson commencée dans les premiers jours d'avril n'a pu être terminée avant les premiers jours d'août. Il y avait environ 800 hectares d'orge et de blé ; on a commencé à récolter avec 150 moissonneurs, au bout de 10 jours il n'en restait plus 40 !

Et il y a un immense intérêt non seulement à récolter rapidement, mais encore à pouvoir battre de suite une partie au moins de la récolte, afin de profiter de la situation avancée dans le sud qui permet de moissonner un mois avant les hauts plateaux et de jeter une partie de son orge et de son blé sur le marché avant que l'immense production des hauts plateaux ait avili les cours. Cette année l'orge nouvelle valait à Biskra, au début de la moisson, 13 fr. 50 c. le quintal; à peine trois semaines après, au commencement de mai, elle était tombée à 7 fr. 50 c. On voit la perte qui résulte ainsi d'une moisson faite trop lentement. Enfin il faut bien le dire, plus rapide sera la récolte, plus on aura de chances d'éviter les terribles ennemis de l'agriculteur dans le sud : les sauterelles et le sirocco.

Il ne faut pas songer à employer ici des batteuses à vapeur, on a vu pourquoi ; on pourra avoir recours aux batteuses à plan incliné, surtout si l'on veut battre la récolte sur place, ce qui peut être très avantageux, car cela permet de ne ramener à la ferme que le grain, la paille pouvant être conservée en meules dans les champs ; on obtiendra des rendements plus considérables avec des batteuses à manège circulaire, qu'on fera mouvoir avec les mulets de la ferme : on pourra, en effet, employer avec celles-ci jusqu'à quatre animaux, tandis que dans le manège à plan incliné on n'en emploie généralement qu'un seul, deux au plus.

A côté de ces instruments, on devra avoir les instruments d'intérieur de ferme de première nécessité : tarares, concasseurs, broyeurs de sarments..., ces instruments s'imposent, il est inutile d'insister sur leur importance. Mais il ne faut pas songer à employer le travail de l'homme pour mouvoir ces instruments, et ici je dois dire un mot de cette question des moteurs, d'un si haut intérêt pour ces pays où la main-d'œuvre est si rare et si mauvaise, question dont la solution est si urgente.

L'extrême cherté des transports sur les chemins de fer algériens force de renoncer, jusqu'à ce qu'on ait obtenu un sérieux abaissement des tarifs, à l'idée de l'emploi de la machine à vapeur et, en même temps aussi, des moteurs à pétrole ; il faut donc se tourner d'un autre côté pour produire la force nécessaire pour actionner ces instruments. En bien des endroits on peut utiliser l'eau comme force motrice en employant des turbines, c'est ainsi que sont mus les moulins à farine de toute la région, certains même emploient des roues hydrauliques. On peut utiliser, dans les régions qui ont la bonne fortune d'en posséder, les puits artésiens jaillissants pour faire marcher également des turbines ; mais cet emploi des moteurs hydrauliques n'est pas possible partout, et peut, dans le cas des eaux courantes des ouad du Zab Chergui, réclamer des installations assez coûteuses.

Un autre genre de moteurs qui se répand très lentement en France et qui rend des services considérables aux États-Unis me semble pouvoir être employé ici avec beaucoup d'avantage ; je veux parler des moulins à vent. On a vu que le vent est fréquent dans le sud algérien ; j'estime qu'un moulin resterait très rarement immobile plus de deux à trois jours par mois : on voit qu'il y aurait là une production très régulière de force. Et les moulins américains Corcoran, Halladay…, — le premier construit en France par Baume sous le nom de moulin à éclipse, — coûtent des prix très modérés, sont très rustiques et d'excellente construction, ce qui leur permet de marcher par les vents les plus faibles et de résister aux coups de vent les plus violents. Leur rendement est souvent considérable : à Arkansas City, un moulin de $4^{m},30$ de diamètre élève environ 145 mètres cubes d'eau en 24 heures à 450 mètres de hauteur.

M. Wolff a trouvé, avec un vent de $4^{m},88$ à la seconde, des rendements variant de 3 kilogrammètres à 400 kilogrammètres pour des roues de $2^{m},60$ à $7^{m},60$ de diamètre. En comptant sur un travail de 8 heures par jour, on trouve pour prix du cheval-heure :

Moulin de $2^{m},50$ de diamètre (1/2 cheval). . . . $0^{f},75^{c}$
— $7^{m},65$ — (6 chevaux). . . . 0 ,16

Comme on le voit, le prix du cheval-heure diminue considérablement à mesure que les dimensions du moulin augmentent (Berthaut, *Traité d'élévation des eaux*).

On peut très facilement obtenir des rendements de 4 à 6 chevaux, ce qui est presque toujours suffisant dans une exploitation agricole, et, en admettant même qu'on utilise le travail des animaux de la

ferme pour actionner la batteuse, on pourra facilement actionner
tous les instruments d'intérieur de ferme, au moyen d'un moulin
à vent. L'emploi de ce genre de moteurs constitue une immense
ressource pour des exploitations dont les conditions sont celles que
j'ai exposées; en outre, ce pays, je le montrerai en terminant, ne
pourra être colonisé avec succès qu'en employant le système des
grandes fermes; dans celles-ci, le moulin à vent sera d'une utilité
de tous les instants, actionnant pompes, ventilateurs, tarares, concasseurs, moulins de ferme, appareils de laiterie, etc. Les exploitations du sud constantinois seront dans une situation analogue à
celles des grandes plaines des États-Unis et du Canada ; là, le
moulin à vent a fait ses preuves et est utilisé avec beaucoup de
succès à de multiples usages ; chaque ferme en compte toujours au
moins un, souvent deux et plus. J'espère que, grâce à son emploi,
le problème des moteurs agricoles sera en grande partie résolu
pour ces régions.

Peut-être serait-il possible d'utiliser aussi la force produite par
des moteurs à gaz ammoniac, ce gaz ne demandant, pour abandonner sa solution aqueuse, qu'une température peu élevée,
facilement réalisable par la seule action des rayons solaires ; ce
genre de moteurs n'a pu être employé utilement, jusqu'à ce jour,
à côté des moteurs à gaz et à air chaud, mais il y aurait peut-
être à l'expérimenter sérieusement à Biskra, où il n'aurait pas à
affronter la concurrence de ces autres moteurs déjà très perfectionnés.

Somme toute, la question des moteurs n'est pas insoluble ici,
même en renonçant à l'usage du charbon, et l'eau et le vent peuvent
suffire, dans une très grande mesure, à compenser le manque de
main-d'œuvre, permettant ainsi d'assurer largement le service
d'une exploitation régulière et suivie. En bien des endroits on
pourra recourir aux moteurs hydrauliques, turbines, roues, béliers,
suivant les conditions et suivant les besoins; partout, on pourra
actionner les manèges avec les animaux de la ferme ; enfin, et
c'est de ce côté qu'il y a peut-être le plus à espérer, partout on
pourra installer, avec grand profit, des moulins à vent. L'élévation
des eaux, le battage et le nettoyage des grains, leur broyage, la
compression des fourrages, etc., etc., en un mot presque tous les
travaux de la ferme pourront être ainsi exécutés dans d'excellentes
conditions, avec le minimum de main-d'œuvre et le minimum de
frais, en même temps qu'avec une grande perfection et une grande
promptitude ; tous avantages remarquables qui ne permettent pas
d'hésiter devant l'installation d'un ou plusieurs de ces moteurs,

quelque considérable que puisse être la première mise de fonds. Ajoutez à cela que, pour la plupart des moteurs appartenant aux genres que je recommande, on a affaire à des machines très rustiques, à organes peu compliqués, pouvant faire un très long service sans qu'il y ait de réparations sérieuses à faire et enfin très faciles à surveiller, même pour une personne inexpérimentée.

Examen critique des débouchés. — Toutes les cultures que j'ai décrites, ainsi que tous les animaux qu'on peut exploiter dans la région saharienne du nord, trouvent un écoulement très facile et dans des conditions généralement très favorables.

En premier lieu, les dattes sont très demandées et les débouchés actuels ne peuvent que s'accroître pour ces fruits. Les dattes d'Égypte ne viennent pas faire concurrence à celles des Ziban, du Souf et de l'Oued Rirh qui ne se rencontrent dans le commerce qu'avec celles du sud tunisien : le Djerid comprend environ 1,500,000 palmiers, produisant un peu plus de 20,000 tonnes de dattes, tandis que la région qui nous occupe en comprend près de 2,000,000, produisant 30,000 tonnes ; cette production totale d'environ 50,000 tonnes est loin d'être supérieure à la consommation. La datte est un des principaux aliments de l'Arabe, aussi bien de celui du sud dont elle constitue l'aliment fondamental, que de celui du Tell et du littoral ; l'Arabe du sud consomme la datte comme nous consommons le pain et la viande, et, quand le blé est trop cher, il se nourrit presque exclusivement de ce fruit précieux. Bien plus, les oasis de l'extrême sud s'ensablent de jour en jour, les jardins de palmiers disparaissent par suite de l'insouciance de leurs propriétaires, et ces gens sont maintenant obligés de venir dans le sud algérien et dans le sud tunisien, acheter les dattes qu'ils ne produisent plus ; en leur ouvrant nos marchés, ils y viendront chercher leurs provisions plutôt que d'aller au Fezzan, où ils se fournissent actuellement.

Quant à l'exportation des fruits du palmier, elle va augmentant d'année en année ; grâce au système qu'on a pris d'envoyer à Paris les dattes de choix en colis postaux, la réputation de ces fruits va toujours en croissant, et les demandes de colis postaux deviennent de jour en jour plus nombreuses, provenant de tous les [points de la France. En outre, l'étranger, surtout les pays tropicaux, réclame des dattes sèches de longue conservation ; la Compagnie de l'Oued Rirh en a envoyé dans la République argentine, et M. Sardon, aux Antilles. La consommation de la datte, tant comme fruit de luxe que comme matière alimentaire de consommation courante, n'est encore, à proprement parler, qu'à l'état de début en France et à l'étranger, mais elle augmente rapidement et il faut s'attendre à voir les chiffres des exportations devenir à bref délai très considérables ; aussi les demandes de dattes de luxe seront-elles bientôt supérieures à la production.

L'avenir des autres cultures fruitières est également très grand, surtout pour l'oranger et le citronnier ; la qualité des fruits produits par ces deux arbres est telle qu'ils se créeront rapidement une réputation, lorsqu'on pourra les répandre sur le marché de Paris en assez grande quantité. L'Algérie, on le sait, n'entre encore que pour une assez faible part dans les importations d'oranges qui sont faites en France ; les oranges et les citrons d'Algérie sont capables de faire une grosse concurrence à ceux d'Espagne ; les oranges du littoral sont au moins aussi bonnes, et celles de Biskra sont, je l'ai dit, beaucoup meilleures. Avant qu'il soit longtemps, les colons de Biskra ne pourront plus produire assez d'oranges et de citrons pour satisfaire aux demandes : il faut donc, de ce côté, aller sans crainte de l'avant.

Quant à l'olivier, je ne reprendrai pas les statistiques citées par M. Bourde dans son rapport sur la culture de l'olivier en Tunisie, ni les déductions qu'il en a très justement tirées pour démontrer qu'on pouvait, sans crainte, replanter une grande partie du sud tunisien en oliviers sans aucun danger de surproduction ; ces déductions s'appliquent au sud algérien qui ne doit pas être séparé dans cette question, comme dans beaucoup d'autres, du sud tunisien avec lequel il a d'ailleurs tant de points communs.

Les autres fruits ont, dans la région même, un écoulement suffisant ; certains peuvent d'ailleurs être exportés : les figues sèches, les raisins secs, les pêches et abricots de primeurs...; les débouchés, loin de se restreindre, ne peuvent qu'augmenter.

Les céréales, on l'a vu, sont produites en quantité à peine suffisante pour les besoins locaux. Il est généralement très difficile sur les marchés de Tolga et de Biskra de répondre aux nombreuses demandes des nomades du sud, qui sont alors obligés de remonter jusqu'aux marchés des hauts plateaux, Aïn Beïda, Khenchela, Tébessa, pour faire leurs approvisionnements. La région qui s'étend de Biskra au Sud tunisien doit pouvoir approvisionner tout le sud en blé et en orge, et il ne faut pas craindre, si jamais l'on y arrive, d'être alors obligé de s'arrêter dans l'expansion agricole ; si le sud ne suffit pas à écouler le stock de céréales produit, il n'y aura qu'à se tourner vers la métropole ; quelques améliorations dans les conditions de transport permettront de lutter avantageusement sur les marchés français avec les blés américains, australiens ou russes.

J'ai déjà dit le grand profit qu'on peut tirer des cultures maraîchères, soit pour la consommation locale qui doit actuellement s'alimenter en légumes à Constantine et à Philippeville et qui devient chaque jour plus exigeante, soit pour la production des primeurs : pommes de terre, asperges, tomates, etc., qu'on peut produire de très bonne heure et à peu de frais.

L'élevage du bétail et son engraissement répondent aussi à d'impérieuses nécessités locales, et les frais qui pourront être nécessaires pour améliorer les animaux, comme je l'ai montré plus haut, seront facilement compensés par le prix plus élevé auquel on pourra les vendre ; en outre, le nombre des moutons qui remontent vers le Tell, d'où ils sont envoyés d'ordinaire à Marseille, peut être considérablement augmenté. La consommation locale réclame du lait et du beurre ; j'ai dit comment on peut en produire ; il n'est pas douteux que l'industrie laitière ne soit également très rémunératrice et ne puisse prendre promptement une grande extension.

En résumé, les débouchés actuels sont nombreux, tant pour les produits directs du sol que pour les animaux, et ils ne peuvent que s'accroître, sans qu'il y ait à redouter une diminution dans leur importance ; on peut produire sans crainte : grains, fruits, légumes, produits animaux, ont un écoulement assuré, il n'y aura pas de surproduction avant longtemps. Il faut enfin remarquer le grand avantage qui résulte, pour ces régions, de leur situation avancée dans le sud ; elles produisent les mêmes denrées que les régions voisines, mais avec une avance considérable, ce qui permet de jeter ces denrées sur le marché avant toute dépréciation des cours, et de profiter pour vendre de la période où les demandes sont très nombreuses et les offres très rares.

Caractère des marchés. — Les marchés dans tout ce pays se font, d'une façon générale, au comptant ; il est très avantageux de vendre les céréales aux nomades, parce qu'ils viennent acheter à la ferme et paient de suite, il n'y a alors aucun transport à faire. Autrement il faut amener les grains sur le marché. Pour les dattes, on les amène à dos de chameau à Biskra ou à El Oued ; là, on les garde en magasin en attendant la demande. Les ventes se font soit directement par les compagnies, soit par l'intermédiaire de commissionnaires ; il en est de même des ventes de laine. Il va d'ailleurs sans dire que les colons français n'auront nullement à se servir d'intermédiaires qui ont surtout pour but de centraliser les marchandises apportées en petites quantités par les indigènes, et qu'il serait impossible d'exporter ainsi.

Les marchés à long terme n'existent pas ici, et ceux à court terme ne sont pas fréquents ; l'habitude est de payer comptant, aussi bien pour les achats que pour les locations que les indigènes, dans toute l'Algérie, paient avec une exactitude que l'on aimerait à trouver chez les fermiers français.

Le plus grand défaut que l'on constate dans les marchés de cette région est le manque de stabilité des cours, ce qui est très gênant et ne permet pas les opérations régulières. Ce manque de stabilité tient au caractère des indigènes qui n'ont pas encore compris les avantages qu'il y a à attendre quelques jours, quand il le faut, pour vendre à meilleur compte. L'indigène vient parfois de très loin apporter sur le marché les produits de son exploitation ; il ne voit qu'une chose : se procurer l'argent nécessaire pour emporter du blé au lieu de ses dattes ou de sa laine, ou bien des objets manufacturés, un cheval ou un mulet à la place de son blé. Aussi vend-il à n'importe quel prix. En outre, les indigènes viennent généralement en nombreuses caravanes, ce qui jette sur les marchés des quantités considérables de marchandises et produit subitement des baisses énormes, pendant qu'il s'établit une hausse correspondante dans les prix des denrées que les Arabes emportent en échange. J'ai assisté, ce printemps, à un double mouvement de cette sorte dans le cours des laines et dans celui des blés ; les indigènes de la région de Bou-Saada, des Oulad-Djellal sont arrivés en grand nombre pendant plusieurs jours consécutifs apporter leurs laines sur le marché de Biskra, ce qui a fait baisser le cours de 78 et 80 fr. à 55 et 58 fr. les 100 kilogr., pendant que le blé, dont ces Arabes avaient un pressant besoin, montait au prix extraordinaire de 38 fr. le quintal.

Ces mouvements des cours sont peu dangereux pour les Français, dans le cas de marchandises qui peuvent attendre comme les céréales et les laines. Il n'en est pas toujours de même pour les dattes dont les cours d'achat dans les oasis de production ont de ces oscillations soudaines ; il faut acheter pour satisfaire à la demande ; les dattes, surtout celles de luxe, ne peuvent pas toujours attendre sans danger, et l'on éprouve ainsi parfois de sérieuses pertes. Il serait très utile, pour remédier à cet état de choses, de former un syndicat entre les principaux producteurs directs ou marchands de dattes, tant français qu'indigènes. Ce syndicat permettrait de régulariser les cours et de ne pas les laisser avilir, parce que

quelques indigènes ont vendu leur récolte à des prix dérisoires ;
il pourrait en outre rendre de réels services en réunissant les
demandes de marchandises et en recherchant de nouveaux débouchés. Sa création est fortement à recommander pour le développement du commerce des dattes et l'établissement de prix assez élevés
pour être suffisamment rémunérateurs. Les producteurs du sud
algérien, comme ceux du sud tunisien, possèdent une sorte de
monopole pour la production des dattes de choix et d'exportation,
il faut qu'ils en tirent tout le parti possible ; ce syndicat leur en
donnerait les moyens, et il pourrait, d'une façon générale, rendre
d'importants services à l'agriculture de toute la région.

Industrie des transports. — Voies de communication. — Les moyens
de transport dans le sud constantinois sont au nombre de trois
principaux : les chemins de fer, les chameaux, les charrettes tunisiennes ou *arabas*. Les chevaux sont très peu employés comme bêtes
de somme ; les ânes rendent de grands services, mais seulement
pour les transports à petite distance : par exemple dans les villes
pour les transports de matériaux ou de fumier ; quant aux mulets,
ce sont eux qui traînent les arabas ; on verra que ce mode de
transport présente de sérieux avantages.

La seule voie ferrée qui desserve actuellement la région de
Biskra est la ligne de Constantine à Biskra ; il est depuis longtemps fortement question de son prolongement jusqu'à Tuggurth
et même Ouargla, mais l'obstination de certaines personnes à considérer ce prolongement, qui aurait surtout une utilité locale,
comme un commencement officiel du transsaharien, fait ajourner
la construction de ce tronçon : il y aurait cependant intérêt à ce
qu'il soit construit, car desservant la région peuplée et si bien
cultivée de l'Oued Rirh, il donnerait un trafic au moins égal au
tronçon de Batna-Biskra. Mais il est absolument nécessaire, pour
que la ligne Biskra-Tuggurth ou même Biskra-Ouargla, puisse
rendre des services, qu'elle soit construite et exploitée par la
Compagnie de l'Est algérien, qui exploite déjà la portion de Constantine à Biskra. C'est déjà bien assez de payer des frais considérables pour le transbordement que les marchandises doivent subir
à Constantine (le tronçon de Philippeville à Constantine appartenant à la Compagnie de Paris-Lyon) ; un second transbordement
à Biskra augmenterait dans une telle proportion les frais de transport qu'il serait impossible d'utiliser la voie ferrée et qu'il faudrait
conserver le chameau. Construit par l'Est algérien, ce prolongement, qui ne semble pas devoir coûter très cher, rendrait d'utiles

services et pourrait avoir un mouvement assez sérieux de marchandises et de voyageurs jusqu'à Ouargla ; au delà, le trafic
deviendrait nul, et le chemin de fer n'aurait plus qu'un intérêt
militaire ou politique, d'ailleurs très discutable.

La compagnie de Biskra et de l'Oued Rirh attend depuis un
certain nombre d'années la concession d'un chemin de fer Decauville entre Biskra et Tolga, ce qui permettrait de réunir au centre
de cette région les oasis du Zab de l'ouest ; on peut évaluer le trafic
quotidien entre les Ziban et Biskra à 15 tonnes par jour, les voyageurs seraient nombreux, les Arabes aimant beaucoup voyager en
chemin de fer.

Il y aurait à faire de nombreuses critiques sur les conditions
actuelles du transport des marchandises sur les voies ferrées de
l'Algérie, en particulier de l'Est algérien qui dessert cette région ;
je me bornerai aux principales : l'exagération des tarifs, les lenteurs
dans l'écoulement des produits.

Les tarifs, en y joignant les frais de transbordement inévitable
à Constantine, élèvent d'une façon exorbitante le prix des marchandises, à tel point que le prix de certaines a doublé lorsqu'elles
arrivent en gare de Biskra : le charbon de terre, par exemple, qui
coûte 30 à 35 fr. la tonne à quai de Philippeville, coûte 75 fr. en
gare de Biskra ! L'Est algérien a bien réduit dernièrement quelque
peu ses tarifs dans le but de détourner les marchandises du tronçon
Philippeville-Constantine qui appartient à Paris-Lyon, mais alors
il faut passer par Bougie ; le trajet est plus long, et le prix de
transport finit par être le même. Il faudrait que la Compagnie l'Est
algérien puisse opérer le rachat du tronçon de Philippeville à
Constantine et en même temps qu'elle abaisse ses tarifs d'une
façon très sensible.

On reproche aussi à la Compagnie de l'Est algérien de manquer de matériel et de laisser pendant un temps souvent fort long
des marchandises, céréales ou dattes, en souffrance dans ses gares ;
lors de la récolte, elle doit, pour faire ses transports, louer des
wagons à P.-L.-M., et elle n'en loue que le moins possible, aussi
l'écoulement des produits se fait très lentement, ce qui peut être
très préjudiciable aux producteurs.

Il se fait, depuis ces dernières années, une concurrence assez notable au chemin de fer pour les transports de Biskra à Constantine
et réciproquement, au moyen des charrettes tunisiennes. Ces charrettes, qu'on désigne sous le nom d'*arabas* et de *caratones*, sont très
nombreuses en Tunisie où elles servent à faire presque tous les transports jusque dans l'extrême Sud : elles se composent tout simple-

ment d'une plate-forme en bois, portée sur deux roues élevées et munie de brancards fixés sur le dos d'un mulet, lequel suffit à traîner ainsi près d'une tonne de marchandises sur de longues distances et en suivant de simples pistes. De Constantine à Biskra, le transport coûte 4 fr. le quintal ; le prix est plus élevé au delà, les routes n'existant plus. Les arabas mettent environ quatre jours pour faire le trajet ; en petite vitesse, il faut souvent autant de temps et les arabas transportent les marchandises à domicile. Ces arabas rendent des services assez appréciés ; elles commencent à faire concurrence au chameau pour le trajet de Biskra à Tuggurth, et l'administration militaire elle-même les emploie pour les ravitaillements, se décidant enfin à abandonner les lourdes fourragères de France, si incommodes ici, où, avec quatre bons mulets, elles n'arrivent pas à transporter la charge d'une araba (600 kilog.).

Mais le véritable mode de transport au sud, à l'ouest et à l'est de Biskra, est le transport à dos de chameau ; il se fait d'ailleurs avec assez de régularité ; le chamelier étant une sorte d'entrepreneur patenté de transport, on peut avoir confiance. Il est rare, bien que cela soit arrivé, que le chamelier se trompe volontairement de route et aille vendre son chargement à Ghadamès ou à Insalah ; le principal inconvénient de ce mode de transport est qu'il est généralement très lent, l'Arabe n'ayant aucune notion de la valeur du temps. Le chameau porte d'ordinaire 200 kilogr., dans le cas des marchandises les moins encombrantes comme les dattes et les céréales ; mais souvent les Arabes chargent de jeunes chameaux auxquels on ne peut faire porter plus de 100 à 120 kilogr. Le prix est fixé au chameau et non au poids, il varie suivant les époques du simple au double, de 8 à 15 fr. par animal, c'est-à-dire en moyenne les 200 kilogr., donc 40 à 75 fr. la tonne de Tuggurth à Biskra (230 kilomètres).

Le métier de chamelier est assez lucratif, les animaux ne coûtant rien à nourrir, se contentant des broussailles de la route ; il est vrai qu'entre deux voyages il faut toujours faire reposer les animaux. Somme toute, c'est un excellent mode de transport, qui serait presque parfait si l'on pouvait obtenir que les marchandises soient transportées dans les délais réguliers ; actuellement, on ne peut compter sur l'exactitude des chameliers.

Les routes font totalement défaut au delà d'El Kantara : la route nationale n° 6, de Philippeville à Biskra elle-même, qui a été commencée en 1849 et dont tous les travaux d'art sont achevés, n'a jamais été terminée au travers de la plaine d'El Outaïa. Un certain nombre de routes sont amorcées au delà de Biskra, mais après

quelques kilomètres on ne trouve plus que la piste, souvent très
bonne il est vrai, mais qui devient impraticable par les moindres
pluies. Ne pourrait-on pas augmenter le nombre de routes en faisant travailler les indigènes non seulement comme prestataires,
mais encore, ce qui n'a rien d'inhumain, en substituant aux condamnations à la prison pour délits, des condamnations à un certain
temps de travail? Cette modification serait, il faut le dire, très bien
vue par les indigènes ; elle aurait une heureuse influence sur les
plus mauvais, qui aiment peu travailler, mais qui se font un hon-
neur d'aller en prison, très heureux d'être logés et nourris à ne
rien faire, aux frais du Gouvernement. La prison est pour eux une
bonne affaire et ils y vont avec plaisir; un peu de travail forcé, très
humain d'ailleurs — on y soumet bien des Français coupables
seulement de fautes contre la discipline, — les ferait plus sûre-
ment rentrer dans le devoir, et, en résumé, tout le monde en pro-
fiterait. On pourrait ainsi construire quelques routes dont le besoin
se fait sentir et qui ne seront pas faites d'ici de longues années si
l'on continue à employer le système actuel. D'ailleurs, pour le
sud proprement dit, les chemins de fer précéderont les routes,
celles-ci n'étant pas de première nécessité, par suite de l'emploi du
chameau.

Mais il faudrait, au moins, se résoudre à faire sur le trajet des
pistes quelques travaux d'art d'une nécessité urgente : travaux de
protection contre l'envahissement des sables, ponts sur les ouad
qui les coupent et travaux destinés à rendre praticables, en tout
temps et en toute sécurité, certains passages dangereux, comme la
traversée des chotts. La piste de Tuggurth à El Oued, qui ne traverse
que des sables, ne peut être suivie qu'avec des guides sûrs : un léger
coup de vent suffisant à la recouvrir et à la rendre impossible à
distinguer ; elle n'est pas d'ailleurs praticable pour les attelages,
mais seulement pour les cavaliers. Les autres pistes, très bonnes
en temps ordinaire, deviennent très difficiles par les moindres
pluies, et pour peu que l'averse soit violente, il devient impossible
de s'y aventurer pendant plusieurs jours. Elles ne comportent en
effet ni fossés latéraux pour l'écoulement des eaux, ni pente d'aucune sorte, si bien qu'après la pluie elles se transforment en fon-
drières, souvent coupées par des ravinements profonds ; en outre,
surtout dans le voisinage des chotts, on est arrêté par les ouad qui
débordent lors des pluies, ce qui transforme leur estuaire en un
vaste marécage où il est très imprudent de s'aventurer souvent
après des semaines entières. C'est ce qui arrive fréquemment
sur la piste de Biskra à Tuggurth au passage de l'oued Djedi; il

est à souhaiter que l'on fasse bientôt le pont que l'on réclame depuis longtemps pour franchir cette rivière à Oumache. Enfin, il existe certains passages, souvent très dangereux, qu'il serait bon d'établir d'une façon sérieuse, permettant à tous de s'y aventurer en parfaite sécurité : par exemple, la traversée des chotts entre Biskra et Tuggurth et entre Biskra et El Oued, où l'on doit suivre dans l'eau une sorte de chaussée à peine assez large pour le passage de l'attelage. Tous ces travaux sont nécessaires, tant pour assurer la sécurité des voyageurs que pour garantir la régularité des transports, et leur exécution est très urgente.

Examen critique de la situation actuelle de l'agriculture. — Résumé. — Améliorations à réaliser.

Les cultures actuelles du sud constantinois sont, on vient de le voir, dans un état relativement prospère ; les conditions extérieures, physiques aussi bien qu'économiques, sont très favorables, et le développement de l'agriculture ne dépend en très grande partie que des qualités personnelles du cultivateur. On verra tout à l'heure quelles sont celles qui peuvent assurer la réussite du colon.

Si favorables que soient les conditions agronomiques et économiques au milieu desquelles on a à se mouvoir pour tirer le meilleur parti du sol, elles peuvent encore être heureusement modifiées.

J'ai indiqué déjà les modifications à apporter aux façons culturales qui pourraient être plus nombreuses et plus soignées, et la nécessité d'une meilleure répartition et d'un meilleur épandage des eaux d'irrigation.

Au point de vue des cultures elles-mêmes, apporter plus de soins à la sélection des semences, à leur nettoyage, à leur préparation ; — j'ai constaté dans les champs d'orge de nombreuses taches de rouille, aussi serait-il bon de chauler ou sulfater les semences. La récolte doit être faite en temps utile et le plus promptement possible, on a vu les avantages qui peuvent résulter d'un battage exécuté de bonne heure.

Je ne reviendrai pas sur la nécessité de l'emploi des instruments agricoles ni sur la question des moteurs.

Il n'y a pas beaucoup, actuellement du moins, à se préoccuper d'introduire de nouvelles cultures ; une des questions les plus importantes à résoudre est celle des fourrages, afin d'assurer l'alimentation des animaux dont l'exploitation, on l'a vu, peut être très profitable ; il y a lieu de chercher à multiplier les salsolacées et d'expérimenter l'ensilage des fourrages verts. Quand les cultures seront bien régulières, on pourra faire des essais ; mais il ne faut pas perdre de vue que la base de toute exploitation doit être le dattier, l'oranger et les légumes dans les oasis ; les céréales et les animaux en plaine : il faut donc ne pas trop penser aux cultures industrielles, et surtout porter ses efforts vers la sélection d'espèces remarquables d'orge et de blé, ainsi que dans la recherche des meilleurs fourrages à cultiver ; les essais dans ce but pourront porter sur les légumineuses, les lablab et les doliques, le soja, l'arachide, le sulla, le caroubier, sur les graminées, — en particulier sur les sorghos, millets, comme le draa (*Penicillaria spicata*) ; — sur quelques racines comme la betterave, etc.

En même temps qu'il serait avantageux de développer les cultures de légumes et la production des primeurs, on pourrait essayer la culture des plantes à parfum et aussi celle des fleurs d'ornement, lesquelles pourraient également donner quelques profits durant l'hiver et le printemps.

Mais les deux grosses améliorations, les plus désirables et les plus importantes, consistent dans la création d'orangeries destinées à produire en grand l'excellente orange de Biskra et dans la reconstitution de la forêt d'oliviers dans la plaine d'El Outaïa dont elle semble avoir fait l'antique prospérité : cette dernière plantation aura une utilité générale pour toute la région, dont le plus grand défaut est d'être dépourvue de tout massif forestier. Les oliviers, dont la végétation est très bien adaptée au climat, exerceront une action régulatrice sur l'évaporation, préserveront les sols de l'action desséchante des vents, de l'action d'érosion des eaux courantes en même temps que le débit des rivières de la région deviendra plus régulier. Tout en exerçant cette influence heureuse sur les conditions physiques du sol, ces arbres, qui végètent très bien ici, donneront des produits remarquables et seront, pour les parties où le palmier vient mal, la culture fondamentale de toute exploitation.

Dans les régions de dunes, il faut assurer la conservation des oasis en les protégeant contre les mouvements des sables ; les oasis de Nefta et Tozeur, dans le Djerid, sont maintenant à l'abri de l'ensevelissement, grâce aux travaux qui ont été exécutés par les soins du gouvernement tunisien, sous la direction de M. Baraban. Il est urgent, pour l'avenir d'un grand nombre d'oasis du sud algérien, d'agir de même ; on a déjà beaucoup fait ici en débouchant les puits ensablés, en en creusant de nouveaux dans l'Oued Rirh : la réglementation des forages s'impose pour ne pas compromettre les résultats acquis. Il ne faut pas s'arrêter là ; on a vu combien florissants et productifs sont les jardins du Souf ; leur situation au milieu même des dunes rend leur existence précaire : les Souafa dépensent journellement en pure perte une grande somme d'énergie et de travail à remonter le sable qui redescend sans cesse au fond de leurs jardins. La dune arrêtée par des plantations appropriées, cette énergie des indigènes pourrait être employée beaucoup plus utilement à augmenter les étendues cultivées. Et cette fixation de la dune est réalisable, — mais on ne peut la demander à l'indigène qui manque totalement d'initiative, — par des plantations de tamarix, d'acacias, sous lesquels on fera pousser des buissons comme le *Retama, Alhagi, Nitraria, Ephedra,* pendant qu'on engazonnera le sol avec des graminées des genres *Arthraterum, Stipa, Danthonia, Imperata,* et des ficoïdés comme *Mesembrianthemum, Tetragona.* L'*Opuntia ficus* indien et l'*Agave americana* donneraient également un utile concours, ainsi qu'un certain nombre de salsolacées et surtout le *Cornulacca monacantha Del., Calligonum comossum,* plantes caractéristiques des sables du Sahara, avec le *Plantago ovata Forsk.* Je ne puis m'étendre suffisamment ici sur cette question de la fixation des dunes, j'ai seulement voulu montrer qu'il ne manque pas de végétaux utilisables, depuis les plantes les plus humbles jusqu'à des arbres comme les gommiers, et que cette opération peut être exécutée à peu de frais avec les ressources dont dispose la flore locale. Et cette question n'a pas seulement un grand intérêt pour tout le sud algérien, elle se retrouve la même en Libye, dans les oasis de l'Égypte, vers les bords du canal de Suez, toujours aussi importante et réclamant une solution immédiate.

Il n'est pas utile de reprendre ici en détail toutes les améliorations désirables que j'ai eu à réclamer dans le cours de cette étude, je me borne à rappeler qu'elles sont toutes facilement exécutables et doivent payer largement les frais qu'elles pourront occasionner. Il faut surtout prendre garde de viser trop haut et de vouloir aller trop vite, le temps est un auxiliaire précieux dont il est difficile de se passer ; en même temps il faut bien se garder des entreprises trop importantes, malgré les espérances qu'on pourrait, *a priori,* fonder dessus ; j'ai dit, à propos des irrigations, la défiance qu'il faut montrer ici vis-à-vis des barrages-réservoirs, la construction m'en paraît, sauf dans les cas particuliers que j'ai signalés, devoir être une lourde faute. On a vu comment des travaux beaucoup moins coûteux, très rudimentaires il est vrai, pourront suffire à procurer l'eau nécessaire à la mise en culture d'une grande partie de ces espaces incultes. Il sera temps, dans un certain nombre d'années, de pourvoir à leur remplacement par de véritables travaux d'art, alors que la colonisation sera solidement établie, en bonne voie de prospérité, et quand les propriétaires intéressés pourront participer aux frais considérables que nécessitent ces travaux, ce qui permettra de leur donner une solidité à toute épreuve ; mais encore faudra-t-il attendre, pour recourir à des travaux aussi coûteux, que l'agriculture puisse devenir intensive et que la terre produise assez pour que le prix de l'eau ne soit pas une charge.

En résumé, il faut rechercher avant tout à utiliser de la meilleure façon possible les ressources locales et à profiter au mieux des conditions ambiantes : par exemple, utiliser l'eau, le vent, les animaux pour produire de la force motrice, et ne pas se croiser les bras sous prétexte que le charbon coûte trop cher pour employer des moteurs à vapeur ; se servir du mouvement des sels dans le sol sous l'influence de l'évaporation pour remplacer les engrais qui manquent ; de même il faut, surtout au début, se livrer aux cultures actuelles des indigènes, puisqu'on est sûr de leur réussite, et les améliorer avant d'essayer d'en introduire d'autres. En un mot, il faut ne pas venir ici avec des idées préconçues, avec l'intention arrêtée d'appliquer des méthodes de culture et d'exploitation déterminées ; les règles de culture sont tout à fait relatives, il faut savoir les modifier suivant les conditions climatériques et ne pas vouloir appliquer en aveugle dans ces pays désertiques les procédés qui assurent le succès des cultures des climats tempérés. Le climat, si extrême soit-il ici, n'est un ennemi qu'autant qu'on ne cherche pas à en tenir compte ; du moment où, le connaissant bien, on s'applique à l'utiliser, à en profiter, il devient un auxiliaire sérieux ; il en est de même du sol, on l'a vu au début de cette étude. De même, il y a un intérêt majeur à s'occuper d'utiliser et d'améliorer les variétés animales aussi bien que les espèces végétales de la flore et de la faune locales ; les unes et les autres étant soit autochtones, soit naturalisées depuis longtemps, paieront au mieux les soins particuliers qu'on pourra leur donner, et plus rapidement que ne le fera jamais aucune espèce nouvelle ; avec elles, on pourra aller de l'avant en toute sécurité ; pas de risques à courir, ces animaux et ces plantes affectionnant les sols et le climat où seuls ils peuvent vivre naturellement. Si l'on peut de suite prévoir ce que donnera l'amélioration des animaux domestiques des variétés locales, il n'en est pas de même des espèces végétales, lesquelles réclament dès maintenant une étude sérieuse, permettant de développer celles qui pourront être utilisées dans la culture.

Certainement, il ne faut pas demander au colon de rechercher de lui-même toutes les conditions particulières au pays où il viendra s'installer et dont il aura à tenir compte pour pouvoir réussir : il ne peut pas perdre plusieurs années à tâtonner, à faire des recherches. Ces recherches, c'est aux gens compétents qu'il faut les demander ; c'est après une étude scientifique sérieuse de tous les agents qui influent sur les productions agricoles que l'on pourra établir des règles à peu près définitives de culture pour ces régions si particulières.

Avenir de la colonisation.

L'étude qui précède a surtout pour but de montrer, non pas tout ce qu'a été et ce qu'est encore l'agriculture dans le Sud constantinois, mais surtout ce qu'elle peut devenir avec des gens intelligents et énergiques, et le parti que des colons français pourraient tirer de ces terrains en les exploitant suivant les conditions qui résultent du climat, du sol et de la situation économique ; ce sont ces conditions qu'il me faut maintenant exposer, en même temps que je dois montrer les obstacles avec lesquels il faudra lutter pour arriver au succès.

Un vaste champ s'ouvre ici à la colonisation ; elle pourra se développer librement sur d'immenses étendues où se succèdent, sans interruption, de remarquables terres de culture ; j'ai montré la facilité avec laquelle ces terres se laissent travailler, la possibilité de se procurer de l'eau en quantité suffisante pour les arroser et la grande valeur fertilisante de ces eaux. Les distances comptent peu sous ces climats où l'on n'est arrêté ni par la pluie, ni par la fraîcheur de la nuit ; aussi peut-on s'installer ici sans crainte d'isolement, d'ailleurs la sécurité y est très grande, surtout pour les Européens ; en outre, je l'ai dit, sauf l'Oued Rirh, tous ces pays jouissent d'une grande salubrité, à tel point qu'on en fait de véritables sanatoriums. Si les deux ou trois mois de fortes chaleurs sont durs à supporter, il faut remarquer qu'à cette époque la végétation est très ralentie et les travaux de la ferme très peu considérables, et il n'est pas impossible — la distance est si courte — d'aller de temps à autre se retremper en France. Que si les travaux de l'exploitation ne permettent pas de longues absences, il est possible d'aller chercher un peu de fraîcheur dans les superbes gorges de l'Aurès ou dans quelque coin du littoral. En résumé, la place abonde, le climat est très sain et l'installation en Algérie n'est pas un exil : on y est encore en France, et c'est peut-être une des causes de l'insuccès d'un grand nombre de colons sur le littoral. Dans ce voisinage de la mère patrie, cette transplantation en un pays qui en diffère très peu, où l'on se sent aussi serré que par delà la mer, a été presque insensible, et les colons n'ont pu se résoudre à sacrifier leurs habitudes de vie souvent assez large ; ils n'ont pas assez vécu de la vie rude des vrais colons, travaillant sans relâche et ne songeant que très rarement à prendre un peu de repos. On les a installés ici dans des villages tout bâtis, où ils ont trouvé sur la grande place, comme dans celui qu'ils venaient de quitter, une église, une mairie, des écoles et une gendarmerie ; l'eau coulait dans les conduites faites à grands frais par l'administration ; malheureusement, entre la mairie et l'église, il y avait place pour les cafés, et, comme en France, les colons ont continué à aller jouer, à aller boire. Le climat aidant, l'absinthe a fini par jouer un rôle considérable dans la vie de tout ce monde, et l'argent qu'on arrivait à gagner était rapidement dépensé sans jamais servir à une amélioration culturale qui aurait pu augmenter les rendements ; les années mauvaises sont venues, et, avec elles, la ruine et la misère, l'épargne n'existant pas.

C'est une bien navrante histoire que celle de la colonisation du littoral algérien et des hauts plateaux, puisse-t-elle servir de leçon, et préserver le sud de toutes ces misères ! Que de villages aux trois quarts abandonnés dans des régions cependant fertiles ! Que de gens accourus pour faire fortune sans peine et qui, maintenant, sont plus malheureux que jamais ! Quelques-uns de ces déçus et de ces ruinés ont pu rentrer en France, un grand nombre sont morts, les autres ont mal tourné ; d'autres, plus hardis, se sont faits politiciens ou usuriers et ont pu s'enrichir de la ruine des autres.

Il faut bien le dire, si les gens qui sont venus s'installer ici manquaient des qualités nécessaires pour coloniser, si la banque de l'Algérie a ouvert des comptes courants à des petits cultivateurs qui n'avaient que leur champ, si ces deux causes ont eu une grande action sur ces tristes résultats, le système de colonisation a exercé aussi une influence très néfaste.

On a proscrit en principe les grandes exploitations, oubliant cette importante loi générale en économie politique, que l'agriculture dans un pays neuf a toujours été au début purement extensive, et qu'elle n'a pu et ne peut devenir intensive qu'après une période souvent longue d'exploitation extensive. Avec les ressources dont nous disposons actuellement, cette période peut être singulièrement réduite; elle ne paraît pas pouvoir être supprimée. Les Anglais et les Américains qu'on nous montre, et non sans raison, comme nos maîtres en colonisation, ont-ils jamais installé des colons sur des lots de 10, 15 hectares, même de 50 hectares ? Ici, la moyenne des concessions ordinaires ou des lots mis en vente par le domaine n'atteint pas 50 hectares de surface ; les lots de ferme atteignent rarement 100 hectares. Il n'est pas possible, en pays neuf, qu'une famille puisse vivre sur un domaine de 10 à 20 hectares. Manquant de ressources, le petit colon ne peut tirer du sol que des rendements généralement très faibles, il lui faut donc compenser, par l'étendue des surfaces cultivées, l'infériorité des rendements ; non seulement on ne lui a pas fourni d'assez grandes surfaces pour que cette compensation puisse avoir lieu, mais encore, quand on reconnaît partout les inconvénients du morcellement des propriétés, on s'est attaché à ne donner des concessions, ou à ne mettre en vente que des propriétés composées de 4, 5, 6 lambeaux de terre différents, très éloignés les uns des autres. Voici un exemple entre mille, il donne la composition d'un lot de terrain de colonisation mis en vente par le domaine au mois de mai dernier (on voit que le système est toujours en vigueur).

Je prends le lot 57 du village de Trumelet, commune mixte de Tiaret (Oran) ; il est ainsi composé :

Nos		
5. Emplacement à bâtir dans le village		$7^a 50^c$
90. Terrain propre à la création d'un jardin en dessous du village.		60 00
97. Terrain propre à la culture de la vigne		$2^h 72$ 00
220. Terrain propre à la culture des céréales et de la vigne		14 77 60
324. Terrain propre à la culture des céréales et de la vigne		13 52 00
Total		$31^h 69^a 10^c$

Tous les lots ont une composition analogue ; il semble d'abord qu'on eût pu facilement placer le jardin près de la maison ; que de soins utiles le paysan ne donne-t-il pas, pour ainsi dire en se reposant, au jardinet qui entoure sa maison, qu'il ne peut plus lui donner, quand il faut faire 500 mètres et plus, et puis combien plus facile serait la surveillance ! Et pourquoi trois parcelles différentes pour compléter le lot ? On ne rencontre ici aucune difficulté ; les allotissements sont bien aisés à faire, mais ils semblent, à vrai dire, faits par des gens qui n'ont pas la moindre idée de ce qu'est la culture, ni de la vie à la campagne. On me dira qu'on fait des lots de ferme ; ils ont à peine 100 hectares, dont souvent un tiers sans valeur aucune, et on ne les fait que dans des régions perdues où des lots de village ne trouveraient aucun acquéreur. Quant aux conditions requises pour pouvoir se rendre adjudicataire d'un lot de colonisation, elles sont absolument opposées au développement de la grande propriété qui, seule, réussit en général, et elles imposent un certain nombre d'obligations qui ne sont pas faites pour encourager : « Pour être adjudicataire, il faut n'être pas déjà pro- « priétaire d'un lot domanial d'une contenance supérieure à 30 hec- « tares...; le même enchérisseur ne pourra se rendre adjudicataire « de plus d'un lot.

« L'État ne prend aucun engagement au sujet de l'ouverture ou « de la viabilité des chemins, rues, ou autres voies publiques... »

En outre, les acquéreurs, d'une façon générale, sont tenus : « 1° d'édifier sur les terrains par eux acquis des constructions d'une « valeur de 1,500 fr. dans le délai d'un an ; 2° de s'installer sur « ces terrains, dans le délai de 6 mois et d'y résider personnelle- « ment d'une façon effective et permanente pendant les 5 années « qui suivront. » Cette durée peut être réduite à 3 ans dans certaines conditions ; et les acquéreurs de certains lots de très faible étendue ne sont pas tenus à la résidence personnelle ; de même les acquéreurs de lots de ferme peuvent s'en dispenser à condition d'y maintenir pendant 10 ans une famille européenne.

Il semble que l'expérience ait assez duré et que l'on pourrait substituer cette facilité d'installer une famille européenne à la nécessité de la résidence personnelle. En outre, l'obligation de bâtir est quelquefois un peu lourde ; ainsi dans l'adjudication du mois de mai dernier, le lot de Taher comprenait en trois parcelles 5 hectares 83 ares. L'acquéreur est tenu d'élever des constructions d'une valeur de 1,500 fr. sur le lot urbain ; il n'y a même pas de lot de jardin, et les deux parcelles de terres labourables se trouvent l'une à 1,200 mètres, l'autre à 1,500, du village ! Il me semble que la situation du colon qui s'installera dans ce lot, ou celle de son fermier, n'est rien moins que favorable au succès : 5 hectares de céréales sans un coin de jardin ! ce n'est vraiment pas la peine de s'expatrier...

Il est vrai de dire que les adjudications du mois de mai dernier ont assez mal réussi ; d'ailleurs la plupart des terrains qu'on met en vente maintenant sont de mauvaise qualité et souvent assez mal situés. On s'est emparé au début des terres de meilleure qualité, sans aucune prévoyance, et ce qui reste aujourd'hui au domaine ne vaut plus grand'chose. Le plus triste, c'est que, pour les raisons que j'ai indiquées plus haut, les premiers colons se sont en grande partie ruinés et que leurs terres sont devenues la propriété du

Crédit foncier et de la Banque d'Algérie qui en sont d'ailleurs actuellement fort embarrassés ; ces institutions de crédit possèdent des immeubles très étendus, des villages entiers, mais des villages ruinés, morts, presque vides d'habitants ; il me suffira de citer la région de Jemmapes, au sud-est de Philippeville, où les villages offrent le plus lamentable spectacle : Lannoy, Aïn-Cherchar, Gastu.... et combien d'autres, ont perdu les 4/5 de leurs habitants et les autres sont dans la misère. Ces villages se meurent parce qu'ils sont factices ; on ne crée pas un village avec un décret: un village pour être viable doit se former de lui-même, et il me semble qu'il est facile de résumer la façon dont se peuplent les pays nouveaux et dont s'y forment les villes. Qu'on ne me dise pas qu'on a agi ainsi, pour permettre aux petits et aux humbles de se faire rapidement une belle situation ; je suis le premier à reconnaître que leur sort est des plus intéressants et qu'il faut tout faire pour leur rendre la vie meilleure quand l'occasion peut en être trouvée, malheureusement l'expérience a prouvé que, livrés à eux-mêmes, ils réussissent mal, qu'il n'y en a pas un sur vingt qui ait pu prospérer dans la petite colonisation et que l'insuccès a fait tomber les autres bien plus bas qu'ils n'étaient auparavant. La petite culture ne peut fournir de profits qu'autant qu'elle est intensive ; l'exemple de la Tunisie est là pour appuyer ma théorie: c'est seulement par les grandes exploitations qu'on peut coloniser avec succès. Et les grandes exploitations n'excluent pas les humbles et les gens peu fortunés; bien au contraire, elles les réclament et leur permettent bientôt de s'installer à leur tour. Il faut, dans une grande exploitation, toute une série d'employés et d'ouvriers qui en font un véritable village : ouvriers de toute sorte, ouvriers d'art, mécaniciens, charrons, forgerons, boulangers, jardiniers, etc., dont les femmes travailleront au ménage, à la basse-cour, à la laiterie, et qui gagneront d'autant plus qu'ils seront indispensables. On pourra réserver, dans les exploitations ou aux alentours, des terrains pour installer ces familles, avec un jardin qui leur permette de s'attacher à leur foyer. Il y aura lieu de faire aussi d'importantes réserves de ces terrains, que ces travailleurs pourront acheter avec leurs économies pour s'y installer ou y installer leurs enfants, et peu à peu les villages se formeront d'eux-mêmes, dans les endroits les plus favorables de ces réserves. Quand il y aura des enfants, les parents seront les premiers à réclamer et à bâtir une école pour les instruire, comme ils auront d'eux-mêmes demandé une église pour les baptiser ou les marier et une mairie pour pouvoir administrer leurs intérêts communs. Ainsi le village sera formé d'une façon stable, il deviendra prospère parce que les habitants verront dans leur petit domaine la récompense de leurs efforts et qu'ils ne profiteront de leur première réussite que pour augmenter et consolider leur prospérité. Ils seront vraiment attachés à ce village qu'ils auront vu naître sous leurs efforts communs et ils ne compteront que sur leurs propres forces et non sur l'aide du Gouvernement, comme dans les villages actuels où les colons ont tout trouvé créé à leur arrivée, ce qui a contribué à leur persuader que tout leur viendrait à point et sans peine. L'insuccès vient de là, il a été singulièrement aidé par l'excès de plantation de vignes et par la mévente des vins, en même temps que par l'action funeste de la Banque de l'Algérie et celle des usuriers.

On me pardonnera de m'être ainsi étendu sur ces tristes résultats. J'ai cru nécessaire d'insister, parce qu'on semble disposé à appliquer le même système à la région saharienne ; j'ai décrit ici le Sud constantinois sous un aspect assez encourageant, je pense ; je crois en effet beaucoup à l'avenir de ce pays, mais je tiens à affirmer que cet avenir ne sera prospère qu'autant que la colonisation s'y fera avec des capitaux et seulement au moyen d'exploitations très étendues. On voudrait, sous ce ciel brûlant, n'installer aussi que de petits colons ; si l'on demande à de pauvres gens sans ressources, vivant au jour le jour, de mettre en culture chacun leur petit coin de désert, ils devront, pour vivre, en attendant la première récolte, épuiser leur petit pécule ; et vienne pendant les premières années un coup de sirocco, une invasion de sauterelles, un manque d'eau, les voilà ruinés sans retour. En outre, ils seront obligés, comme les indigènes, de vendre sans choisir le moment favorable et subiront la dépréciation des cours ; et qu'ils ne songent pas à emprunter sur leur domaine, ils ne trouveront pas grand'-chose et là encore ce serait la ruine.

Il y a peu de temps qu'un fonctionnaire disait à un propriétaire du Sud, à propos de ventes domaniales dans ces régions : « Nous « ferons des petits lots pour créer un village et nous saurons bien « nous arranger pour que vous n'en puissiez acheter, vous avez « déjà trop de terres dans ce pays. » Ce fonctionnaire pourrait contempler, près des terrains dont il s'agit, deux petits bâtiments en ruines où l'on reconnaît la construction européenne et qui furent deux petites fermes !

La petite colonisation, je l'ai exposé ailleurs, n'est possible avec succès dans le Sud algérien que dans certaines oasis existantes (dans celle de Biskra principalement), en tirant parti du terrain par la culture maraîchère, la seule culture intensive actuellement possible ; mais celle-là doit être très rémunératrice et elle est fortement à recommander.

Le système des grandes exploitations doit donc être employé ici pour qu'il y ait chance de réussite. Seul il peut permettre de lutter contre les ennemis qui attendent l'agriculteur, et aussi de résoudre un certain nombre de problèmes délicats et de difficultés qu'il faut à tout prix éclairer et écarter. C'est seulement dans une exploitation étendue qu'on pourra voir venir sans trop de terreur une de ces invasions de sauterelles qui dévorent tout sur le passage, ou un orage violent ravageant les récoltes, un coup de sirocco les brûlant sur pied. Avec les ressources dont il doit disposer pour exploiter les étendues que je juge nécessaires, le colon pourra organiser la lutte contre les sauterelles, il pourra, au moyen de machines perfectionnées, moissonner rapidement et diminuer ses risques. Pourquoi aussi, entre voisins, ne formeraient-ils pas des syndicats, des associations pour lutter contre les ennemis communs et aussi pour améliorer les conditions générales des cultures, pour opérer des recherches d'eau, des captations, pour faire des recherches en vue de la sélection des semences et des animaux ? En outre, cette entente permettrait un plus facile écoulement des produits, procurerait de nouveaux débouchés, réussirait à établir des cours suffisamment élevés et à les maintenir à l'abri des fluctuations actuelles.

Je crois qu'on aura ainsi accumulé toutes les chances de succès ; l'étendue des cultures et l'emploi des instruments agricoles permettront de se contenter de rendements moyens, que la quantité de terres cultivées viendra compenser ; on pourra avoir ainsi, dans le sud algérien, ce beau spectacle des immenses cultures de céréales de l'Amérique du Nord et des plaines australiennes ; on aura en même temps un autre aspect de l'Australie, les terrains de parcours ressemblant beaucoup aux steppes, si renommées par les moutons qu'elles produisent, lesquels pourront être produits de même ici.

Un mot encore pour dire quel doit être le genre de vie du colon et quelles doivent être ses qualités morales. Il faut, quand on vient s'installer ici avec l'idée arrêtée de gagner de l'argent et de réussir, faire de bon cœur le sacrifice complet de la vie quelque peu facile et large que l'on menait en France, abandonner sans arrière-pensée son petit train de vie, ses habitudes et commencer résolument une nouvelle existence qui, sans être pénible, sera plus rude à coup sûr que l'ancienne. Il faudra de l'énergie, de la persévérance, travailler sans relâche et ne pas songer, pendant les premières années, aux longues périodes de repos, aux distractions fréquentes ; c'est seulement après plusieurs années de succès, qui seront croissants si l'on persévère, que l'on pourra se permettre quelques distractions et un peu de luxe bien mérités, mais auxquels il eût été dangereux de s'habituer dès le début. C'est pour avoir dépensé sans compter pendant les premières années, non seulement pour leur train de vie, mais encore pour réaliser des améliorations importantes et utiles mais prématurées, qu'un certain nombre de gros propriétaires du littoral, quelques-uns très riches, se sont ruinés tout d'un coup. Il ne faut pas se faire colon, quitter la France dans le but de vivre plus largement dans les pays nouveaux et de trouver une prospérité que l'on ne connaît pas chez soi ; ce serait une grosse faute dont on serait rapidement victime.

En résumé, si les ressources de l'extrême Sud de notre Algérie sont considérables et s'il est facile de les exploiter avec grand profit, il faut que le système de colonisation à employer soit raisonné sérieusement, et qu'on n'emploie pas par habitude celui en usage sur le littoral ; dans ce Sud qui en est si différent, il est nécessaire d'apporter assez de capitaux pour pouvoir subir sans désastre les ravages d'ennemis aussi terribles qu'ils sont soudains et rares ; il faut enfin un certain nombre de qualités morales, une bonne dose de fermeté et de résistance au travail pour assurer la réussite. Mais dans de telles conditions le succès ne peut manquer d'être considérable ; sous des efforts aussi intelligents et aussi soutenus, la terre montrera quels trésors de fécondité ses anciens maîtres ont laissés dormir dans son sein. Livrées à une culture habile, les immenses plaines des Ziban, des Oulad-Djellal au Djerid se couvriront de superbes moissons, l'antique prospérité du Magreb renaîtra et toute cette région pourra être enlevée de la carte du désert, qui rentrera ainsi dans ses limites véritables.

Cette superbe transformation ne se fera pas du jour au lendemain, ni sans de grands efforts, ni peut-être aussi sans déceptions, il ne faut pas se le dissimuler ; mais elle sera bien intéressante, et ils seront largement payés de leurs peines, ceux qui se donneront à cette œuvre de colonisation. Cette régénération sera méritoire, car elle fournira au pays de grandes ressources, elle contribuera à la richesse de l'Algérie et de la Métropole, mettant en valeur une grande partie de notre plus belle conquête ; alors le jour viendra où l'Algérie non seulement se suffira à elle-même, mais rendra d'importants services à la mère patrie.

Novembre 1893-Mai 1894

Nancy, imprimerie Berger-Levrault et Cⁱᵉ.